高等职业教育机电类专业系列教材

PLC应用技术
——西门子S7-200 SMART

主　编　范平平
副主编　侯　雪　李良君
参　编　李云梅　赵洪洁　于　玲
主　审　韩志国

机械工业出版社

本书以西门子 S7-200 SMART PLC 为载体，介绍了 PLC 的基本结构、工作原理、指令等，逐步引入指令使用，然后通过典型示例，深入浅出地介绍了 PLC 的编程原则和编程方法。

本书是理实一体化教材，包括理论知识和实训项目两部分，分别单独成册。理论知识分册包括六章，分别是可编程序控制器概述、可编程序控制器的结构和工作原理、S7-200 SMART PLC 的指令、S7-200 SMART PLC 程序编写、STEP 7-Micro/WIN SMART 编程软件的使用、S7-200 SMART PLC 的以太网通信；实训项目分册列了 21 个实训项目，与理论知识分册学习配合使用，边学边练。

本书适合作为高等职业院校电气自动化技术、机电一体化技术等机电类相关专业和新能源类相关专业的教材，也可作为广大工程技术人员的参考用书。

为方便教学，本书配有电子课件、习题解答、模拟试卷及答案等，凡选用本书作为授课教材的学校，均可来电索取。咨询电话：010-88379375。

图书在版编目（CIP）数据

PLC 应用技术：西门子 S7-200 SMART/范平平主编. —北京：机械工业出版社，2020.8（2025.2 重印）
高等职业教育机电类专业系列教材
ISBN 978-7-111-65757-6

Ⅰ.①P… Ⅱ.①范… Ⅲ.①PLC 技术—高等职业教育—教材 Ⅳ.①TM571.61

中国版本图书馆 CIP 数据核字（2020）第 096718 号

机械工业出版社（北京市百万庄大街 22 号 邮政编码 100037）
策划编辑：王宗锋　责任编辑：王宗锋　冯睿娟
责任校对：陈　越　封面设计：严娅萍
责任印制：刘　媛
涿州市般润文化传播有限公司印刷
2025 年 2 月第 1 版第 7 次印刷
184mm×260mm · 13.25 印张 · 320 千字
标准书号：ISBN 978-7-111-65757-6
定价：45.00 元

电话服务　　　　　　　网络服务
客服电话：010-88361066　机 工 官 网：www.cmpbook.com
　　　　　010-88379833　机 工 官 博：weibo.com/cmp1952
　　　　　010-68326294　金 书 网：www.golden-book.com
封底无防伪标均为盗版　机工教育服务网：www.cmpedu.com

前 言

西门子小型 PLC——S7-200 SMART 是 S7-200 的更新换代产品，其指令系统与 S7-200 基本相同，并增加了以太网通信和信号板的扩展，具有可靠性高、功能强、性价比高、编程界面友好等特点，因此在国内得到广泛应用。编者结合多年的教学、指导技能大赛和工程实践经验，在企业技术人员的大力支持下编写了本书，旨在使学生能够较快地掌握 S7-200 SMART PLC 编程及应用技术。

本书是理实一体化教材，包括理论知识和实训项目两部分，分别单独成册。理论知识分册包括六章，第一章介绍了 PLC 的基本知识；第二章分析了 PLC 的基本结构和工作原理，介绍了 S7-200 SMART PLC 及其编程语言；第三章通过大量举例分析，详细介绍了 S7-200 SMART PLC 的指令系统；第四章从 PLC 控制系统设计的步骤和编程原则入手，通过 PLC 的基本电路和 S7-200 SMART PLC 编程示例，深入浅出地介绍了 PLC 项目设计的完整方法；第五章介绍了 STEP 7-Micro/WIN SMART 编程软件的安装及使用方法；第六章介绍了 S7-200 SMART PLC 的以太网通信。实训项目分册设计了 21 个综合实训项目。

本书由范平平任主编，侯雪、李良君任副主编，李云梅、赵洪洁、于玲参与编写。具体编写分工：侯雪编写第一、二章，范平平编写第三章，李良君编写第四章，赵洪洁编写第五章，于玲编写第六章，李云梅编写实训项目分册。全书由韩志国负责主审。在本书的编写过程中，浙江天煌实业科技有限公司艾光波工程师提出了很好的建议，在此表示衷心的感谢。

由于编者水平有限，书中难免有疏漏之处，恳请读者批评指正。

编 者

目 录

前　言

第一章　可编程序控制器概述 …………… 1
　第一节　可编程序控制器的产生和定义 …… 1
　第二节　可编程序控制器的主要功能及
　　　　　特点 …………………………………… 2
　第三节　可编程序控制器的发展趋势 ……… 5
　习题一 …………………………………………… 6

第二章　可编程序控制器的结构和工作
　　　　原理 …………………………………… 7
　第一节　可编程序控制器的组成与基本
　　　　　结构 …………………………………… 7
　第二节　可编程序控制器的工作原理 ……… 9
　第三节　S7－200 SMART 系列可编程序
　　　　　控制器 ………………………………… 12
　第四节　可编程序控制器的编程语言 ……… 17
　习题二 …………………………………………… 18

第三章　S7－200 SMART PLC 的
　　　　指令 …………………………………… 19
　第一节　位逻辑指令 …………………………… 19
　第二节　定时器指令 …………………………… 26
　第三节　计数器指令 …………………………… 32
　第四节　比较指令 ……………………………… 35
　第五节　数据传送指令 ………………………… 38
　第六节　移位指令 ……………………………… 41
　第七节　运算指令 ……………………………… 46
　第八节　转换指令 ……………………………… 52
　第九节　程序控制类指令 ……………………… 60

　第十节　中断指令 ……………………………… 70
　第十一节　高速计数器 ………………………… 75
　第十二节　高速脉冲输出 ……………………… 83
　习题三 …………………………………………… 86

第四章　S7－200 SMART PLC 程序
　　　　编写 …………………………………… 87
　第一节　PLC 控制系统设计步骤和编程
　　　　　原则 …………………………………… 87
　第二节　基本电路 ……………………………… 89
　第三节　S7－200 SMART PLC 控制编程
　　　　　示例 …………………………………… 96
　习题四 …………………………………………… 116

第五章　STEP 7－Micro/WIN SMART
　　　　编程软件的使用 …………………… 117
　第一节　编程软件概述 ………………………… 117
　第二节　程序的编写与下载 …………………… 120
　第三节　符号表与符号地址的使用 …………… 125
　第四节　用编程软件监控与调试程序 ………… 128
　习题五 …………………………………………… 130

第六章　S7－200 SMART PLC 的以太网
　　　　通信 …………………………………… 131
　第一节　以太网通信概述 ……………………… 131
　第二节　通过向导实现以太网通信 …………… 136
　第三节　通过指令编程实现以太网通信 ……… 139
　习题六 …………………………………………… 141

参考文献 …………………………………………… 142

第一章 可编程序控制器概述

可编程序控制器（Programmable Controller）简称 PLC，是在传统的顺序控制器的基础上引入了微电子技术、计算机技术、自动控制技术和通信技术而形成的新型工业控制装置，目的是用来取代继电器执行逻辑、计时、计数等顺序控制功能，建立柔性的程序控制系统。可编程序控制器具有可靠性高、配置灵活及编程简单等优点，是当代工业生产自动化的主要手段和重要的自动化控制设备。

第一节 可编程序控制器的产生和定义

一、可编程序控制器的产生

在可编程序控制器问世以前，工业控制领域中占主导地位的是继电器控制。这种由继电器构成的控制系统有着明显的缺点：体积大、耗电多、可靠性差、寿命短、运行速度不高，尤其是对生产工艺多变的系统适应性更差，一旦生产任务和工艺发生变化，就必须重新设计并改变硬件结构，这造成了时间和资金的严重浪费。

20 世纪 60 年代末，美国通用汽车公司（GM 公司）为了使汽车改型或改变工艺流程时不改动原有继电器柜内的接线，以便降低生产成本，缩短新产品的开发周期，以满足生产的需求，在 1968 年提出了研制新型控制装置的十项指标，其主要内容如下：

1）编程简单，可在现场修改和调试程序；
2）价格便宜，性价比高于继电器控制系统；
3）可靠性高于继电器控制系统；
4）体积小于有继电器控制柜的体积，能耗少；
5）能与计算机系统数据通信；
6）输入量是交流 115V 电压信号（美国电网电压是 110V）；
7）输出量是交流 115V 电压信号、输出电流在 2A 以上，能直接驱动电磁阀等；
8）具有灵活的扩展能力；
9）硬件维护方便，采用插入式模块结构；
10）用户存储器容量至少在 4KB 以上（根据当时的汽车装配过程的要求提出）。

从上述十项指标可以看出，它实际上就是当今可编程序控制器最基本的功能，具备了可编程序控制器的特点。

1969 年，美国数字设备公司（DEC）根据上述要求研制出第一台可编程序控制器，型号为 PDP-14，并在美国通用汽车公司的汽车生产线上适用成功，于是第一台可编程序控制器诞生了。

二、可编程序控制器的定义

由于 PLC 在不断发展，因此，对它进行确切的定义是比较困难的。美国电气制造商协会（NEMA）经过四年的调查工作，于 1980 年正式将可编程序控制器命名为 PC（Programmable Controller），但为了与个人计算机 PC（Personal Computer）相区别，常将可编程序控制器简称为 PLC，并给 PLC 做了定义："可编程序控制器是一种带有指令存储器、数字的或模拟的输入/输出接口，以位运算为主，能完成逻辑、顺序、定时、计数和运算等功能，用于控制机器或生产过程的自动化控制装置。"

1982 年，国际电工委员会（International Electrotechnical Commission，IEC）颁布了 PLC 标准草案第 1 稿，1985 年提交了第 2 稿，并在 1987 年的第 3 稿中对 PLC 做了如下的定义："PLC 是一种数字运算的电子系统，专为工业环境下应用而设计。它采用可编制程序的存储器，用来在其内部存储执行逻辑运算、顺序运算、定时、计数和算术运算等操作的指令，并能通过数字式或模拟式的输入和输出，控制各种类型的机械或生产过程。可编程序控制器及其有关的外围设备，都应按照易于与工业控制系统形成一个整体、易于扩展其功能的原则而设计。"

上述的定义表明，PLC 是一种能直接应用于工业环境的数字电子装置，是以微处理器为基础，结合计算机技术、自动控制技术和通信技术，用面向控制过程、面向用户的"自然语言"编程的一种简单易懂、操作方便、可靠性高的新一代通用工业控制装置。

第二节 可编程序控制器的主要功能及特点

一、可编程序控制器的主要功能

1. 开关逻辑和顺序控制

这是 PLC 应用最广泛、最基本的场合。其主要功能是完成开关逻辑运算和进行顺序逻辑控制，从而可以实现各种控制要求。

2. 模拟控制（A-D 和 D-A 控制）

在工业生产过程中，许多连续变化的需要进行控制的物理量（如温度、压力、流量、液位等）都属于模拟量。过去，PLC 常用于逻辑运算控制，对于模拟量的控制主要靠仪表或分布式控制系统，目前大部分 PLC 产品都具备处理这类模拟量的功能，而且编程和使用方便。

3. 定时/计数控制

PLC 具有很强的定时、计数功能，它可以为用户提供数十甚至上百个定时器与计数器。对于定时器，定时间隔可以由用户加以设定；对于计数器，如果需要对频率较高的信号进行计数，则可以选择高速计数器。

4. 步进控制

PLC 为用户提供了一定数量的移位寄存器，用移位寄存器可以方便地完成步进控制功能。

5. 运动控制

在机械加工行业，可编程序控制器与计算机数控（CNC）集成在一起，可以完成机床的运动控制。

6. 数据处理

大部分 PLC 都具有不同程度的数据处理能力，它不仅能进行算术运算、数据传送，还能进行数据比较、数据转换、数据显示及打印等操作，有些 PLC 还可以进行浮点运算和函数运算。

7. 通信联网

PLC 具有通信联网的功能，它使 PLC 与 PLC 之间、PLC 与上位计算机以及其他智能设备之间能够交换信息，形成一个统一的整体，实现分散集中控制。

二、可编程序控制器的特点

PLC 能如此迅速发展的原因，除了工业自动化的客观需要外，还有许多独特的优点。它较好地解决了工业控制领域中普遍关心的可靠、安全、灵活、方便、经济等问题。其主要特点如下：

1. 可靠性高

可靠性指的是可编程序控制器平均无故障工作时间。由于可编程序控制器采取了一系列硬件和软件抗干扰措施，具有很强的抗干扰能力，平均无故障时间达到数万小时以上，可以直接用于有强烈干扰的工业生产现场。可编程序控制器已被广大用户公认为是最可靠的工业控制设备之一。

2. 控制功能强

一台小型可编程序控制器内有成百上千个可供用户使用的编程元件，可以实现非常复杂的控制功能。与相同功能的继电器系统相比，它具有很高的性能价格比。可编程序控制器可以通过通信联网，实现分散控制与集中管理。

3. 用户使用方便

可编程序控制器产品已经标准化、系列化、模块化，配备有品种齐全的各种硬件装置供用户选用，用户能灵活方便地进行系统配置，组成不同功能、不同规模的系统。可编程序控制器的安装接线也很方便，有较强的带负载能力，可以直接驱动一般的电磁阀和交流接触器。硬件配置确定后，可以通过修改用户程序，方便快速地适应工艺条件的变化。

4. 编程方便、简单

梯形图是可编程序控制器使用最多的编程语言，其电路符号、表达方式与继电器电路原理图相似。梯形图语言形象、直观、简单、易学，熟悉继电器电路图的电气技术人员只要花几天时间就可以熟悉梯形图语言，并用来编制用户程序。

5. 设计、安装、调试周期短

可编程序控制器用软件功能取代了继电器控制系统中大量的中间继电器、时间继电器、计数器等器件，使控制柜的设计、安装、接线工作量大大减少，缩短了施工周期。可编程序控制器的用户程序可以在实验室模拟调试，模拟调试好后再将 PLC 控制系统在生产现场进行安装和接线，在现场的统调过程中发现的问题一般通过修改程序就可以解决，大大缩短了设计和投运周期。

6. 易于实现机电一体化

可编程序控制器体积小、重量轻、功耗低、抗振防潮和耐热能力强，使之易于安装在机器设备内部，制造出机电一体化产品。目前以 PLC 作为控制器的 CNC 设备和机器人装置已成为典型。

三、可编程序控制器的分类

目前 PLC 的种类非常多，型号和规格也不统一，了解 PLC 的分类有助于 PLC 的选型和应用。

1. 按点数和功能分类

为了适应不同工业生产过程的应用要求，可编程序控制器能够处理的输入/输出信号数是不一样的。一般将一路信号叫作一个点，将输入点数和输出点数的总和称为机器的点数，简称 I/O 点数。一般讲，点数越多的 PLC，功能也越强。按点数分，可分为大型机、中型机及小型机等。大型机一般 I/O 点数 >2048 点。具有多 CPU、16 位或 32 位处理器，用户存储器容量为 8~16KB，具有代表性的为西门子 S7-400 系列、通用公司的 GE-Ⅳ系列等；中型机一般 I/O 点数为 256~2048 点，具有单/双 CPU，用户存储器容量为 2~8KB，具有代表性的为西门子 S7-300 系列、三菱 Q 系列等；小型机一般 I/O 点数 <256 点，具有单 CPU、8 位或 16 位处理器，用户存储器容量为 4KB 以下，具有代表性的为西门子 S7-200 系列、三菱 FX 系列等。

2. 按结构形式分类

PLC 从硬件结构形式上分为整体式结构和模块式结构。

（1）整体式结构　整体式 PLC 由不同 I/O 点数的基本单元（又称主机）和扩展单元组成。基本单元内有 CPU、I/O 接口、与 I/O 扩展单元相连的扩展口，以及与编程器或 EPROM 写入器相连的接口等；扩展单元内只有 I/O 和电源等，没有 CPU；基本单元和扩展单元之间一般用扁平电缆连接。一般的小型及超小型 PLC 多为整体式结构，这种可编程序控制器是把 CPU、RAM、ROM、I/O 接口及与编程器或 EPROM 写入器相连的接口、输入/输出端子、电源、指示灯等都装配在一起的整体装置。它的优点是结构紧凑，体积小，成本低，安装方便，缺点是主机的 I/O 点数固定，使用不灵活。西门子公司的 S7-200 系列 PLC 为整体式结构。整体式 PLC 一般还可配备特殊功能单元，如模拟量单元、位置控制单元等，使其功能得以扩展。

（2）模块式结构　模块式结构又叫积木式。这种结构形式的特点是把 PLC 的每个工作单元都制成独立的模块，如 CPU 模块、输入模块、输出模块、电源模块、通信模块等。另外，机器上有一块带有插槽的母板，实质上就是计算机总线。把这些模块按控制系统需要选取后，都插到母板上，就构成了一个完整的 PLC。这种结构的 PLC 的优点是系统构成非常灵活，安装、扩展、维修都很方便，缺点是体积比较大。常见产品有 OMRON 公司的 C200H、C1000H、C2000H，西门子公司的 S5－115U、S7－300、S7－400、S7－1500 系列等。大、中型 PLC 一般采用模块式结构。

另外，一些 PLC 将整体式和模块式的特点结合起来，构成所谓叠装式 PLC。

3. 按产地分类

PLC 的生产厂家很多，国内国外都有，其点数、容量、功能各有差异，PLC 按产地分，可分为日系、欧美、国内等。其中日系具有代表性的为三菱、欧姆龙、松下、光洋等；欧美系列具有代表性的为西门子、AB、通用电气、德州仪器等；国内系列具有代表性的为汇川、信捷等。

4. 按功能分类

PLC 按功能可分为低档、中档、高档三类。低档 PLC 具有逻辑运算、定时、计数、移位以及自诊断、监控等基本功能；还可有少量模拟量输入/输出、算术运算、数据传送和比较、通信等功能；主要用于逻辑控制、顺序控制或少量模拟量控制的单机控制系统。中档 PLC 除具有低档 PLC 的功能外，还具有较强的模拟量输入/输出、算术运算、数据传送和比较、数制转换、远程 I/O、子程序、通信联网等功能；有些还可增设中断控制、PID 控制等功能，适用于复杂控制系统。高档 PLC 除具有中档机的功能外，还增加了带符号算术运算、矩阵运算、位逻辑运算、二次方根运算及其他特殊功能函数的运算、制表及表格传送功能等；高档 PLC 机具有更强的通信联网功能，可用于大规模过程控制或构成分布式网络控制系统，实现工厂自动化。

第三节　可编程序控制器的发展趋势

随着 PLC 技术的推广、应用，PLC 将向两个方面发展：一方面向着大型化的方向发展；另一方面则向着小型化的方向发展。

PLC 向大型化方向发展，主要表现在大中型 PLC 高功能、大容量、智能化、网络化发展，使之能与计算机组成集成控制系统，对大规模、复杂系统进行综合的自动控制。

PLC 向小型化方向发展，主要表现在下列几个方面：为了减小体积、降低成本，向高性能的整体型发展；在提高系统可靠性的基础上，产品的体积越来越小，功能越来越强；应用的专业性，使得控制质量大大提高。

另外，PLC 在软件方面也将有较大的发展。系统的开放使第三方的软件能方便地在符合开放系统标准的 PLC 上得到移植。除了采用标准化的硬件外，采用标准化的软件也能大大缩短系统开发周期；同时，标准化的软件由于经受了实际应用的考验，它的可靠性也明显提高。

总之，PLC 总的发展趋势是：高功能、高速度、高集成度、容量大、体积小、成本低、通信联网功能强。

习题一

1. 简述可编程序控制器的定义。
2. 可编程序控制器有哪些主要特点？
3. 可编程序控制器有哪些分类方法？
4. 可编程序控制器的发展方向是什么？

第二章 可编程序控制器的结构和工作原理

第一节 可编程序控制器的组成与基本结构

PLC 是微机技术和继电器常规控制概念相结合的产物,从广义上讲,PLC 也是一种计算机系统,只不过它具有比一般计算机更强的与工业过程相连接的输入/输出接口,具有更适用于控制要求的编程语言,具有更适应于工业环境的抗干扰性能。因此,PLC 是一种工业控制用的专用计算机,它的实际组成与一般微型计算机系统基本相同,也是由硬件系统和软件系统两大部分组成。

一、可编程序控制器的硬件系统

PLC 的硬件系统由主机系统、输入/输出扩展环节及外部设备组成。PLC 结构示意图如图 2-1 所示。

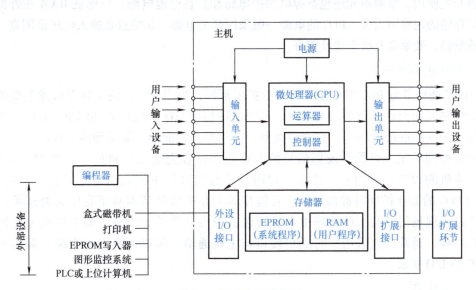

图 2-1 PLC 结构示意图

1. 主机系统

(1) 微处理器单元 它是 PLC 的核心部分,包括微处理器(Central Processing Unit, CPU)和控制接口电路。微处理器是 PLC 的运算控制中心,由它实现逻辑运算,协调控制系统内部各部分的工作。它的运行是按照系统程序所赋予的任务进行的。

（2）**存储器** 存储器是 PLC 存放系统程序、用户程序和运行数据的单元。它包括只读存储器（ROM）和随机存取存储器（RAM）。只读存储器（ROM）在使用过程中只能读取不能存储，而随机存取存储器（RAM）在使用过程中能随时读取和存储。

（3）**输入/输出模块单元** PLC 的对外功能主要是通过各类接口模块的外接线，实现对工业设备和生产过程的检测与控制。通过各种输入/输出接口模块，PLC 既可检测到所需的过程信息，又可将处理结果传送给外部过程，驱动各种执行机构，实现工业生产过程的控制。通过输入模块单元，PLC 能够得到生产过程的各种参数；通过输出模块单元，PLC 能够把运算处理的结果送至工业过程现场的执行机构实现控制。为适应工业过程现场对不同输入/输出信号的匹配要求，PLC 配置了各种类型的输入/输出模块单元。

（4）**I/O 扩展接口** I/O 扩展接口是 PLC 主机扩展输入/输出点数和类型的部件，输入/输出扩展单元、远程输入/输出扩展单元、智能输入/输出单元等都通过它与主机相连。I/O 扩展接口有并行接口、串行接口等多种形式。

（5）**外设 I/O 接口** 外设 I/O 接口是 PLC 主机实现人-机对话、机-机对话的通道。通过它，PLC 可以和编程器、彩色图形显示器、打印机等外部设备相连，也可以与其他 PLC 或上位计算机连接。外设 I/O 接口一般是 RS232C 或 RS422A 串行通信接口，该接口的功能是进行串行/并行数据转换、通信格式识别、数据传输出错检验及信号电平转换等。对于一些小型 PLC，外设 I/O 接口中还有与专用编程器连接的并行数据接口。

（6）**电源** 电源单元是 PLC 的电源供给部分。它的作用是把外部供应的电源变换成系统内部各单元所需的电源，有的电源单元还向外提供直流电源，供开关量输入单元连接的现场电源开关使用。电源单元还包括掉电保护电路和后备电池电源，以保证 RAM 在外部电源断电后存储的内容不丢失。PLC 的电源一般采用开关电源，其特点是输入电压范围宽、体积小、质量轻、效率高及抗干扰性能好。

2. I/O 扩展环节

I/O 扩展环节是 PLC 输入输出单元的扩展部件，当用户所需的 I/O 点数或类型超出主机的 I/O 单元所允许的点数或类型时，可以通过加接 I/O 扩展环节来解决。I/O 扩展环节与主机的 I/O 扩展接口相连，有两种类型：简单型和智能型。简单型的 I/O 扩展环节本身不带中央处理单元，对外部现场信号的 I/O 处理过程完全由主机的中央处理单元管理，依赖于主机的程序扫描过程。通常，它通过并行接口与主机通信，并安装在主机旁边，在小型 PLC 的 I/O 扩展时常被采用。智能型的 I/O 扩展环节本身带有中央处理单元，它对生产过程现场信号的 I/O 处理由本身所带的中央处理单元管理，而不依赖于主机的程序扫描过程。通常，它采用串行通信接口与主机通信，可以远离主机安装，多用于大中型 PLC 的 I/O 扩展。

3. 外部设备

（1）**编程器** 它是编制、调试 PLC 用户程序的外部设备，是人机交互的窗口。通过编程器可以把新的用户程序输入到 PLC 的 RAM 中，或者对 RAM 中已有程序进行编辑。通过编程器还可以对 PLC 的工作状态进行监视和跟踪，这对调试和试运行用户程序是非常有用的。

除了上述专用的编程器外，还可以利用计算机（如 IBM-PC），配上 PLC 生产厂家提供的相应的软件包作为编程器，这种编程方式已成为 PLC 发展的趋势。现在，有些 PLC 不再提供编程器，而只提供计算机编程软件，并且配有相应的通信连接电缆。

（2）彩色图形显示器　大中型 PLC 通常配接彩色图形显示器，用以显示模拟生产过程的流程图、实时过程参数、趋势参数及报警参数等过程信息，使得现场控制情况一目了然。

（3）打印机　PLC 也可以配接打印机等外部设备，用以打印记录过程参数、系统参数以及报警事故记录表等。

PLC 还可以配置其他外部设备，例如，配置存储器卡、盒式磁带机或磁盘驱动器，用于存储用户的应用程序和数据；配置 EPROM 写入器，用于将程序写入到 EPROM 中。

二、可编程序控制器的软件系统

PLC 除了硬件系统外，还需要软件系统的支持，它们相辅相成，缺一不可，共同构成 PLC。PLC 的软件系统由系统程序（又称系统软件）和用户程序（又称应用软件）两大部分组成。

1. 系统程序

系统程序由 PLC 的制造企业编制，固化在 ROM 或 EPROM 中，安装在 PLC 上，随产品提供给用户。系统程序包括系统管理程序、用户指令解释程序和供系统调用的标准程序模块等。

2. 用户程序

用户程序是根据生产过程控制的要求由用户使用制造企业提供的编程语言自行编制的应用程序。用户程序包括开关量逻辑控制程序、模拟量运算程序、闭环控制程序和操作站系统应用程序等。

第二节　可编程序控制器的工作原理

一、可编程序控制器的工作原理

可编程序控制器是一种专用的工业控制计算机，其工作原理与计算机控制系统的工作原理基本相同。

PLC 是采用周期循环扫描的工作方式，CPU 连续执行用户程序和任务的循环序列称为扫描。CPU 对用户程序的执行过程是 CPU 的循环扫描，并用周期性集中采样、集中输出的方式来完成的。一个扫描周期（工作周期）主要分为以下几个阶段。

1. 输入采样扫描阶段

这是第一个集中批处理过程。在这个阶段中，PLC 按顺序逐个采集所有输入端子上的信号，不论输入端子上是否接线，CPU 顺序读取全部输入端，将所有采集到的一批输入信号写到输入映像寄存器中，在当前的扫描周期内，用户程序用到的输入信号的状态（ON 或

OFF）均从输入映像寄存器中去读取，不管此时外部输入信号的状态是否变化。即使此时外部输入信号的状态发生了变化，也只能在下一个扫描周期的输入采样扫描阶段去读取，对于这种采集输入信号的批处理，虽然严格来说每个信号被采集的时间有先有后，但由于PLC的扫描周期很短，这个差异对一般工程应用可忽略，所以可以认为这些采集到的输入信息是同时的。

2. 执行用户程序扫描阶段

这是第二个集中批处理过程。在执行用户程序阶段，CPU对用户程序按顺序进行扫描。如果程序用梯形图表示，则总是按先上后下、从左至右的顺序进行扫描，每扫描到一条指令，所需要的输入信息的状态均从输入映像寄存器中去读取，而不是直接使用现场的立即输入信号。对其他信息，则是从PLC的元件映像寄存器中去读取，在执行用户程序中，每一次运算的中间结果都立即写入元件映像寄存器中，对输出继电器的扫描结果，也不是马上去驱动外部负载，而是将其结果写入到输出映像寄存器中。在此阶段，允许对数字量I/O指令和不设置数字滤波的模拟量I/O指令进行处理，在扫描周期的各个部分，均可对中断事件进行响应。

在这个阶段，除了输入映像寄存器外，各个元件映像寄存器的内容是随着程序的执行而不断变化的。

3. 输出刷新扫描阶段

这是第三个集中批处理过程。当CPU对全部用户程序扫描结束后，将元件映像寄存器中各输出继电器的状态同时送到输出锁存器中，再由输出锁存器经输出端子去驱动各输出继电器所带的负载。

在输出刷新阶段结束后，CPU进入下一个扫描周期，重新执行输入采样，周而复始。

二、可编程序控制器的等效电路

PLC输入设备连接到可编程序控制器的输入端，它们直接接收来自操作台上的操作命令或来自被控对象的各种状态信息，产生输入控制信号送入可编程序控制器。常用的输入设备包括控制开关和传感器。控制开关可以是按钮、限位开关、行程开关、光电开关、继电器和接触器的触点等；传感器包括各种数字式和模拟式传感器，如光栅位移式传感器、热电阻、热电偶等。PLC输入部分主要采集输入信号。

PLC的输出部分与输出设备相连。它们用来将可编程序控制器的输出控制信号转换为驱动被控对象工作的信号。常用的输出设备包括接触器、电磁阀、电磁继电器、电磁离合器、状态指示部件等。输出部分是系统的执行部分。

PLC内部控制部分采用大规模集成电路制作的微处理器和存储器，执行按照被控对象的实际要求编制并存入程序存储器中的程序，完成控制任务。PLC内部控制电路是用编程实现的逻辑电路，通过软件编程来代替继电器的功能。对于使用者来说，在编制应用程序时，可以不考虑微处理器和存储器的复杂构成及相关的计算机语言，而把PLC看成是内部由许多"软继电器"组成的控制器，用近似继电器控制电路图的编程语言进行编程。这样从功能上讲就可以把PLC的控制部分看作是由许多"软继电器"组成的等效电路。PLC的等效电路图如图2-2所示。

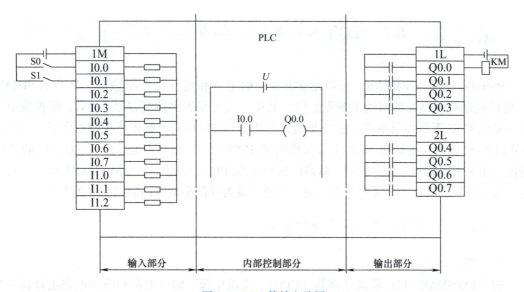

图 2-2 PLC 等效电路图

三、可编程序控制器的主要技术指标

1. 输入/输出点数（I/O 点数）

可编程序控制器的 I/O 点数指外部输入、输出端子数量的总和。它是描述 PLC 大小的一个重要的参数。

2. 存储容量

PLC 的存储器由系统程序存储器、用户程序存储器和数据存储器三部分组成。PLC 存储容量通常指用户程序存储器和数据存储器容量之和，表征系统提供给用户的可用资源，是系统性能的一项重要技术指标。

3. 扫描速度

可编程序控制器采用循环扫描方式工作，完成 1 次扫描所需的时间叫作扫描周期。影响扫描速度的主要因素有用户程序的长度和 PLC 产品的类型。PLC 中 CPU 的类型、机器字长等直接影响 PLC 运算精度和运行速度。

4. 指令系统

指令系统是指 PLC 所有指令的总和。可编程序控制器的编程指令越多，软件功能就越强，但掌握应用也相对较复杂。用户应根据实际控制要求选择合适指令功能的可编程序控制器。

5. 通信功能

通信有 PLC 之间的通信和 PLC 与其他设备之间的通信。通信主要涉及通信模块、通信接口、通信协议和通信指令等内容。PLC 的组网和通信能力也已成为 PLC 产品水平的重要衡量指标之一。

第三节　S7-200 SMART 系列可编程序控制器

德国西门子（SIEMENS）公司是欧洲最大的电子和电气设备制造商，生产的SIMATIC可编程序控制器在欧洲处于领先地位。其第一代可编程序控制器是于1975年投放市场的SIMATIC S3系列控制系统。1979年微处理器技术被应用到可编程序控制器中后，产生了SIMATIC S5系列，随后在20世纪末又推出了SIMATIC S7系列产品。S7-200 SMART PLC是西门子为中国客户量身定制的一款高性价比小型PLC产品。S7-200 SMART PLC结构紧凑、成本低廉且具有功能强大的指令集，这使其成为控制小型应用的完美解决方案。

一、S7-200 SMART PLC 系统组成

1. CPU 模块

S7-200 SMART PLC 将微处理器（CPU）、集成电源、输入电路和输出电路组合到一个结构紧凑的外壳中，形成功能强大的PLC。下载用户程序后，CPU将包含监控应用中的输入和输出设备所需的逻辑。

CPU具有不同型号，它们提供了各种各样的特征和功能，这些特征和功能可帮助用户针对不同的应用创建有效的解决方案。

S7-200 SMART CPU 系列包括14个型号，分为两条产品线：紧凑型产品线和标准型产品线。

CPU 标识的第一个字母表示产品线，紧凑型（C）或标准型（S）。标识的第二个字母表示交流电源/继电器输出（R）或直流电源/直流晶体管输出（T）。标识中的数字表示总板载数字量 I/O 计数。I/O 计数后的小写字符"s"（仅限串行端口）表示新的紧凑型号。S7-200 SMART PLC 主机外形如图2-3所示。

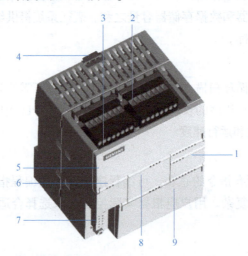

图 2-3　S7-200 SMART PLC 主机外形

1—I/O 的 LED　2—端子连接器　3—以太网通信端口　4—用于在标准（DIN）导轨上安装的夹片
5—以太网状态 LED（保护盖下面）：LINK, RX/TX　6—状态 LED：RUN、STOP 和 ERROR
7—RS485 通信端口　8—可选信号板（仅限标准型）　9—存储卡连接（保护盖下面）

表 2-1 ~ 表 2-3 显示 CPU 的不同型号、参数及特点。

表 2-1　S7-200 SMART CPU 型号

	CR40	SR20	SR40	ST40	SR60	ST60
紧凑型，不可扩展	×					
标准，可扩展		×	×	×	×	×
继电器输出	×	×	×		×	
晶体管输出（DC）				×		×
I/O 点（内置）	40	20	40	40	60	60

注：表中"×"代表有此功能。

表 2-2　紧凑型不可扩展 CPU

特　性		CPU CR40
尺寸：$\frac{H}{\text{mm}} \times \frac{W}{\text{mm}} \times \frac{D}{\text{mm}}$		125×100×81
用户存储器	程序	12KB
	用户数据	8KB
	保持性	最大 10KB
板载数字量（I/O 计数）	输入	24DI
	输出	18DQ 继电器
扩展模块		无
信号板		无
高速计数器		共 4 个
		30kHz 时 4 个，针对单相
		20kHz 2 个，针对双相和正交
PID 回路		8
实时时钟，备用时间 7 天		否

表 2-3　标准型可扩展 CPU

特　性		CPU SR20	CPU SR40、CPU ST40	CPU SR60、CPU ST60
尺寸：$\frac{H}{\text{mm}} \times \frac{W}{\text{mm}} \times \frac{D}{\text{mm}}$		90×100×81	125×100×81	175×100×81
用户存储器	程序	12KB	24KB	30KB
	用户数据	8KB	16KB	20KB
	保持性	最大 10KB	最大 10KB	最大 10KB
板载数字量 I/O 计数	输入	12DI	24DI	36DI
	输出	8DQ	16DQ	24DQ
扩展模块		最多 4 个	最多 4 个	最多 4 个
信号板		1	1	1
高速计数器		共 4 个 ·60kHz 时 4 个，针对单相 ·40kHz 时 2 个，针对 A/B 相	共 4 个 ·60kHz 时 4 个，针对单相 ·40kHz 时 2 个，针对 A/B 相	共 4 个 ·60kHz 时 4 个，针对单相 ·40kHz 时 2 个，针对 A/B 相

（续）

特　性	CPU SR20	CPU SR40、CPU ST40	CPU SR60、CPU ST60
脉冲输出	2个，100kHz	3个，100kHz	3个，100kHz
PID 回路	8	8	8
实时时钟，备用时间7天	有	有	有

2. S7-200 SMART PLC 扩展模块

为更好地满足应用要求，S7-200 SMART PLC 包括各种扩展模块和信号板。可以将这些扩展模块与标准 CPU 型号（SR20、SR40、ST40、SR60 或 ST60）一起使用，为 CPU 增加附加功能。表2-4 列出了当前提供的扩展模块和信号板。

表2-4　扩展模块和信号板

类　型	仅输入	仅输出	输入/输出组合	其　他
数字信号模块	·8个直流输入	·8个直流输出 ·8个继电器输出	·8个直流输入/8个直流输出 ·8个直流输入/8个继电器输出 ·16个直流输入/16个直流输出 ·16个直流输入/16个继电器输出	
模拟信号模块	·4个模拟量输入 ·2个RTD输入	·2个模拟量输出	·4个模拟量输入/2个模拟量输出	
信号板		·1个模拟量输出	·2个直流输入/2个直流输出	RS485/RS232

二、S7-200 SMART PLC 数据存储及元件功能

1. 数据类型

数据类型 S7-200 SMART PLC 的数据类型有字符串、布尔型（0或1）、整数型和实数型（浮点数）等。整数型数据包括16位整数（INT）和32位整数（DINT）。实数型数据采用32位单精度数来表示。数据类型、长度及数据范围见表2-5。

表2-5　数据类型、长度及数据范围

数据的类型（长度）	无符号整数范围		符号整数范围	
	十　进　制	十六进制	十　进　制	十六进制
字节 B（8位）	0～255	0～FF	-128～127	80～7F
字 W（16位）	0～65535	0～FFFF	-32768～32767	8000～7FFF
双字 D（32位）	0～4294967295	0～FFFFFFFF	-2147483648～2147483647	80000000～7FFFFFFF
整数 INT（16位）	0～65535	0～FFFF	-32768～32767	8000～7FFF
布尔 BOOL(1位)	0、1			
实数 REAL	$-10^{38} \sim 10^{38}$			
字符串	每个字符串以字节形式存储，最大长度为255字节，第一个字节中定义该字符串的长度			

2. 编址方式

- 位编址的指定方式：（区域标志符）字节号.位号，如 I0.0、Q0.0、I1.2。

- 字节编址的指定方式：（区域标志符）B（字节号），如 IB0 表示由 I0.0～I0.7 这 8 位组成的字节。
- 字编址的指定方式：（区域标志符）W（起始字节号），且最高有效字节为起始字节。例如 VW0 表示由 VB0 和 VB1 这 2 个字节组成的字。
- 双字编址的指定方式：（区域标志符）D（起始字节号），且最高有效字节为起始字节。例如 VD0 表示由 VB0 到 VB3 这 4 个字节组成的双字。

3. 寻址方式

（1）直接寻址　直接寻址是在指令中直接使用存储器或寄存器的元件名称（区域标志）和地址编号，直接到指定的区域读取或写入数据。有按位、字节、字、双字的寻址方式，如图 2-4 所示。

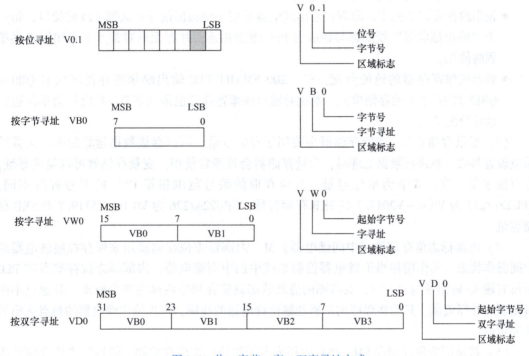

图 2-4　位、字节、字、双字寻址方式

（2）间接寻址　间接寻址时操作数并不提供直接数据位置，而是通过使用地址指针来存取存储器中的数据。在 S7-200 SMART PLC 中允许使用指针对 I、Q、M、V、S、T、C（仅当前值）存储区进行间接寻址。

- 使用间接寻址前，要先创建一个指向该位置的指针。
- 指针建立好后，利用指针存取数据，如图 2-5 所示。

4. 编程元件

（1）输入映像寄存器 I（输入继电器）

- 输入映像寄存器的工作原理：输入继电器是 PLC 用来接收用户设备输入信号的接口。PLC 中的"继电器"与继电器控制系统中的继电器有本质性的差别，是"软继电器"，它实质是存储单元。

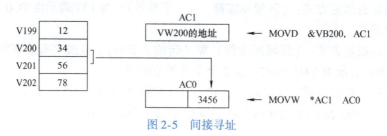

图 2-5 间接寻址

- 输入映像寄存器的地址分配：S7-200 SMART PLC 输入映像寄存器区域有 IB0~IB15 共 16 字节的存储单元。系统对输入映像寄存器是以字节（8 位）为单位进行地址分配的。

（2）输出映像寄存器 Q（输出继电器）

- 输出映像寄存器的工作原理：输出继电器是用来将输出信号传送到负载的接口，每一个"输出继电器"线圈都与相应的 PLC 输出相连，并有无数对常开和常闭触点供编程时使用。

- 输出映像寄存器的地址分配：S7-200 SMART PLC 输出映像寄存器区域有 QB0~QB15 共 16 字节的存储单元。系统对输出映像寄存器也是以字节（8 位）为单位进行地址分配的。

（3）变量存储器 V 变量存储器主要用于存储变量，可以存放数据运算的中间运算结果或设置参数。在进行数据处理时，变量存储器会被经常使用。变量存储器可以是位寻址，也可按字节、字、双字为单位寻址，其位存取的编号范围根据 CPU 的型号有所不同，CPU221/222 为 V0.0~V2047.7 共 2KB 存储容量，CPU224/226 为 V0.0~V5119.7 共 5KB 存储容量。

（4）内部标志位存储器（中间继电器）M 内部标志位存储器用来保存控制继电器的中间操作状态，其作用相当于继电器控制系统中的中间继电器，内部标志位存储器在 PLC 中没有输入/输出端与之对应，其线圈的通断状态只能在程序内部用指令驱动，其触点不能直接驱动外部负载，只能在程序内部驱动输出继电器的线圈，再用输出继电器的触点去驱动外部负载。

（5）特殊标志位存储器 SM PLC 中还有若干特殊标志位存储器，特殊标志位存储器提供大量的状态和控制功能，用来在 CPU 和用户程序之间交换信息，特殊标志位存储器能以位、字节、字或双字来存取。

（6）局部变量存储器 L 局部变量存储器 L 用来存放局部变量。局部变量存储器 L 和变量存储器 V 十分相似，主要区别在于全局变量是全局有效，即同一个变量可以被任何程序（主程序、子程序和中断程序）访问。而局部变量只是局部有效，即变量只和特定的程序相关联。

（7）定时器 T PLC 所提供定时器的作用相当于继电器控制系统中的时间继电器。每个定时器可提供无数对常开和常闭触点供编程使用。其设定时间由程序设置。

（8）计数器 C 计数器用于累计计数输入端接收到的由断开到接通的脉冲个数。计数器可提供无数对常开和常闭触点供编程使用，其设定值由程序赋予。

（9）高速计数器 HC 一般计数器的计数频率受扫描周期的影响，不能太高。而高速计数器可用来累计比 CPU 的扫描速度更快的事件。高速计数器的当前值是一个双字长（32 位）的整数，且为只读值。

（10）累加器 AC　累加器是用来暂存数据的寄存器，它可以用来存放运算数据、中间数据和结果。CPU 提供了 4 个 32 位的累加器，其地址编号为 AC0～AC3。累加器的可用长度为 32 位，可采用字节、字、双字的存取方式，按字节、字只能存取累加器的低 8 位或低 16 位，双字可以存取累加器全部的 32 位。

（11）顺序控制继电器 S（状态元件）　顺序控制继电器是使用步进顺序控制指令编程时的重要状态元件，通常与步进指令一起使用以实现顺序功能流程图的编程。

（12）模拟量输入/输出映像寄存器（AI/AQ）　S7-200 SMART PLC 的模拟量输入电路是将外部输入的模拟量信号转换成 1 个字长的数字量存入模拟量输入映像寄存器区域，区域标志符为 AI。模拟量输出电路是将模拟量输出映像寄存器区域的 1 个字长数据转换成模拟量输出，区域标志符为 AQ。

第四节　可编程序控制器的编程语言

PLC 为用户提供了完整的编程语言，以适应编制用户程序的需要。PLC 提供的编程语言通常有以下几种：梯形图、指令表、功能块图。下面以 S7-200 SMART 系列 PLC 为例加以说明。

1. 梯形图（LAD）

梯形图（LAD）编程语言是从继电器控制系统原理图的基础上演变而来的。PLC 的梯形图与继电器控制系统的梯形图的基本思想是一致的，只是在使用符号和表达方式上有一定区别。LAD 图形指令有 3 个基本形式：触点、线圈、指令盒。

（1）触点

常开触点：——| |—— bit

常闭触点：——|/|—— bit

（2）线圈　——( ) bit

线圈表示输出结果，通过输出接口电路来控制外部的指示灯、接触器等线圈左侧接点组成的逻辑运算结果为 1 时，"能流"可以达到线圈，使线圈得电动作，CPU 将线圈的位地址指定的存储器的位置 1，逻辑运算结果为 0，线圈不通电，存储器的位置 0。即线圈代表 CPU 对存储器的写操作。PLC 采用循环扫描的工作方式，所以在用户程序中，每个线圈只能使用一次。

（3）指令盒　代表一些较复杂的功能，当"能流"通过指令盒时，执行指令盒所代表的功能。如定时器、计数器或数学运算指令等。

2. 指令表（STL）

指令表（STL）编程语言类似于计算机中的助记符语言，它是可编程序控制器最基础的编程语言。所谓指令表编程，是用一个或几个容易记忆的字符来代表可编程序控制器的某种操作功能。具有容易记忆，便于掌握的特点，并且用编程软件可以将语句表与梯形图相互转换。

例如，图 2-6 是一个简单的 PLC 程序，图 2-6a 是梯形图程序，图 2-6b 是相应的指令表。

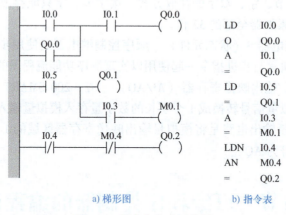

a) 梯形图　　　　　　　　　b) 指令表

图 2-6　基本指令应用举例

3. 功能块图（FBD）

S7-200 SMART PLC 专门提供了 FBD 编程语言，利用 FBD 可以查看到像普通逻辑门图形的逻辑盒指令。它没有梯形图编程中的触点和线圈，但有与之等价的指令，这些指令是作为盒指令出现的，程序逻辑由盒指令之间的连接决定。图 2-7 为 FBD 的一个简单实例。

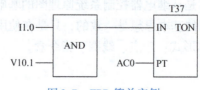

图 2-7　FBD 简单实例

习题二

1. 可编程序控制器主要由哪几部分组成？
2. 简述可编程序控制器的工作过程。
3. 可编程序控制器常用的编程语言有哪些？

第三章 S7-200 SMART PLC的指令

S7-200 SMART PLC 指令非常丰富，指令系统一般可分为基本指令和功能指令。基本指令包括位逻辑指令、运算指令、数据处理指令、转换指令等；功能指令包括程序控制类指令、中断指令、高速计数器、高速脉冲输出等。

SIMATIC 指令集是西门子公司专为 S7 系列 PLC 设计的，可以用梯形图 LAD、语句表 STL 和功能块图 FBD 3 种语言进行编程。而梯形图 LAD 和语句表 STL 是 PLC 最基本的编程语言，本书将以这两种编程语言介绍 S7-200 SMART PLC 的指令系统。

第一节 位逻辑指令

一、指令介绍

1. 装载指令 LD、LDN 及输出指令

（1）指令功能

LD（Load）：常开触点逻辑运算的开始，对应梯形图则为在左侧母线或线路分支点处初始装载一个常开触点。

LDN（Load not）：常闭触点逻辑运算的开始，对应梯形图则为在左侧母线或线路分支点处初始装载一个常闭触点。

=（OUT）：输出指令，对应于梯形图中的线圈。

（2）指令举例 如图 3-1 所示。

（3）注意事项

① =指令不能用于输入继电器。

② 图 3-1 中的最后两条指令结构的输出形式称为并联输出，并联的 =指令可以连续使用。

③ LD、LDN、=指令的操作数（即可使用的编程元件）见表 3-1。

表 3-1 LD、LDN、=指令的操作数

指令	操作数
LD	I、Q、M、SM、T、C、V、S
LDN	I、Q、M、SM、T、C、V、S
=	Q、M、SM、T、C、V、S

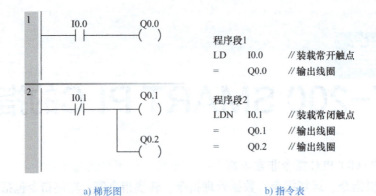

a) 梯形图　　　　　　　　　　　　b) 指令表

图 3-1　LD、LDN、= 指令的使用

④ 在输出指令中同一编号的继电器的线圈不能重复使用。例如图 3-2 程序中多次出现"=Q0.0"是错误的。

2. 触点串联指令 A(And)、AN(And not)

（1）指令功能

A(And)：与操作，在梯形图中表示串联连接单个常开触点。

AN(And not)：与非操作，在梯形图中表示串联连接单个常闭触点。

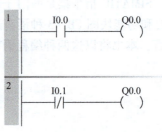

图 3-2　输出指令同一操作数重复使用是错误的

（2）指令格式　如图 3-3 所示。

```
程序段1
LD    I0.0    //装载常开触点
A     M0.0   //与常开触点
=     Q0.0   //输出线圈
程序段2
LD    Q0.0   //装载常开触点
AN    I0.1    //与常闭触点
=     M0.0   //输出线圈
A     T37    //与常开触点
=     Q0.1   //输出线圈
```

a) 梯形图　　　　　　　　　　　　b) 指令表

图 3-3　A、AN 指令的使用

3. 触点并联指令 O(Or)、ON(Or not)

（1）指令功能

O(Or)：或操作，在梯形图中表示并联连接一个常开触点。

ON(Or not)：或非操作，在梯形图中表示并联连接一个常闭触点。

（2）指令格式　如图 3-4 所示。

4. 电路块的串联指令 ALD

（1）指令功能

ALD：块"与"操作，用于串联连接多个并联电路组成的电路块。

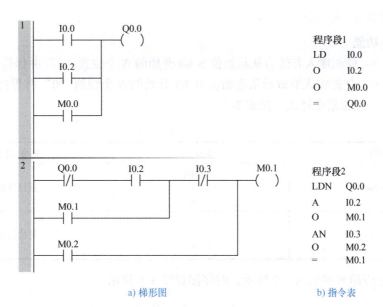

a) 梯形图　　　　　　　　　　b) 指令表

图 3-4　O、ON 指令的使用

（2）指令格式　如图 3-5 所示。

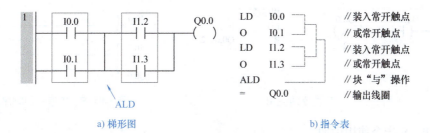

a) 梯形图　　　　　　　　　　b) 指令表

图 3-5　ALD 指令的使用

5. 电路块的并联指令 OLD

（1）指令功能

OLD：块"或"操作，用于并联连接多个串联电路组成的电路块。

（2）指令格式　如图 3-6 所示。

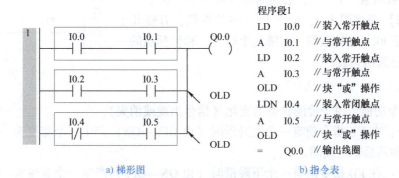

a) 梯形图　　　　　　　　　　b) 指令表

图 3-6　OLD 指令的使用

6. 置位指令 S、复位指令 R

(1) 指令功能

置位指令 S：使能输入有效后从起始位 S-bit 开始的 *N* 个位置“1”并保持。

复位指令 R：使能输入有效后从起始位 R-bit 开始的 *N* 个位清“0”并保持。

(2) 置位、复位指令格式　见表 3-2。

表 3-2　S、R 指令格式

STL	LAD	指令功能
S　S-bit，N	S-bit —(S) N	置位指令
R　R-bit，N	R-bit —(R) N	复位指令

S、R 指令应用举例如图 3-7 所示，时序图如图 3-8 所示。

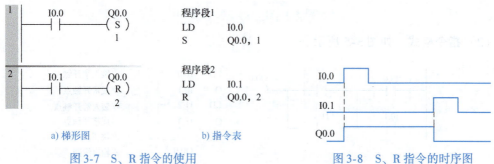

a) 梯形图

```
程序段1
LD      I0.0
S       Q0.0, 1

程序段2
LD      I0.1
R       Q0.0, 2
```

b) 指令表

图 3-7　S、R 指令的使用

图 3-8　S、R 指令的时序图

(3) R、S 指令使用说明

① 与 = 指令不同，S 指令和 R 指令可以多次使用同一个操作数。

② 使用 S 指令和 R 指令时，需指定操作性质（S、R）、开始位（bit）和位的数量（*N*）。开始位（bit）的操作数为：Q、M、SM、T、C、V、S。数量 *N* 的操作数为 VB、IB、QB、MB、SMB、LB、SB、AC、常数等。

③ 操作数被置“1”后，必须通过 R 指令清“0”。

图 3-9　梯形图

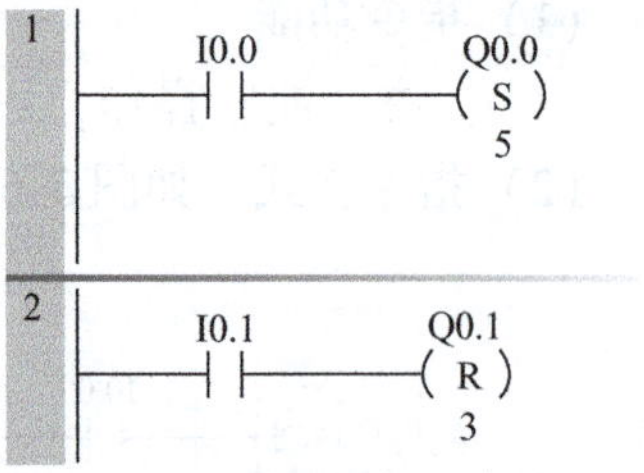

【思考题】观察图 3-9，按下 I0.0 接的按钮，有哪几个灯亮；再按下 I0.1 接的按钮，有哪几个灯灭，和你预想的一样吗？并写出其语句表。

7. 边沿触发指令 EU、ED

(1) 指令功能　用于检测状态的变化（信号出现或消失）。

EU 指令：在 EU 指令前有一个上升沿时（由 OFF→ON）产生一个宽度为一个扫描周期的脉冲，驱动其后输出线圈。

ED 指令：在 ED 指令前有一个下降沿时（由 ON→OFF）产生一个宽度为一个扫描周期的脉冲，驱动其后输出线圈。

第三章 S7-200 SMART PLC的指令

（2）指令格式及用法　指令格式见表3-3，用法如图3-10所示。

表3-3　EU、ED指令格式

STL	LAD	操作数
EU（Edge Up）	─┤P├─	无
ED（Edge Down）	─┤N├─	无

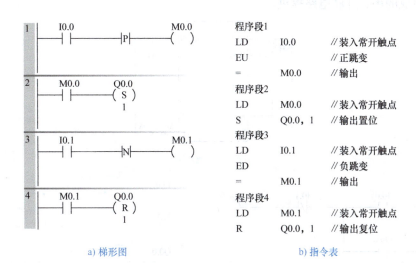

a) 梯形图　　　　　　　　　b) 指令表

图3-10　EU、ED指令的使用

时序分析如图3-11所示。I0.0的上升沿，经触点（EU）产生一个扫描周期的时钟脉冲，驱动输出线圈M0.0导通一个扫描周期，M0.0的常开触点闭合一个扫描周期，使输出线圈Q0.0置位为1，并保持。

I0.1的下降沿，经触点（ED）产生一个扫描周期的时钟脉冲，驱动输出线圈M0.1导通一个扫描周期，M0.1的常开触点闭合一个扫描周期，使输出线圈Q0.0复位为0，并保持。

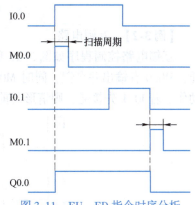

图3-11　EU、ED指令时序分析

二、指令应用举例

【例3-1】　起动、保持、停止电路。

起动、保持、停止电路简称起保停电路，该电路在生产实践中应用非常广泛，电动机的单向连续运转控制电路就是一个典型的起保停电路。用PLC实现电动机单向连续运转控制的接线图（不考虑有关保护）如图3-12a所示，其控制程序与电气控制电路相似，是一个具有起保停控制功能的程序。

Q0.0连接接触器KM1，用以驱动电动机的运行与停止，I0.0和I0.1分别连接起动按钮SB1和停止按钮SB2，它们持续接通的时间一般都很短。起保停电路最主要的特点就是具有"记忆"功能，按下起动按钮SB1，I0.0的常开触点接通，如果这时未按停止按钮SB2，

I0.1 的常闭触点接通，Q0.0 的线圈得电，它的常开触点闭合。松开起动按钮，I0.0 的常开触点断开，"能流"经 Q0.0 的常开触点和 I0.1 的常闭触点流过 Q0.0 的线圈，Q0.0 仍得电，这就是所谓的"自锁"或"自保持"功能。按下停止按钮，I0.1 的常闭触点断开，使 Q0.0 的线圈失电，其常开触点断开，以后即使放开停止按钮，I0.1 的常闭触点恢复接通状态，Q0.0 的线圈仍然"失电"。

起保停电路的梯形图和时序图如图 3-12 所示。在复杂的电路中，起动和停止信号可由多个触点组成的串、并联电路提供。

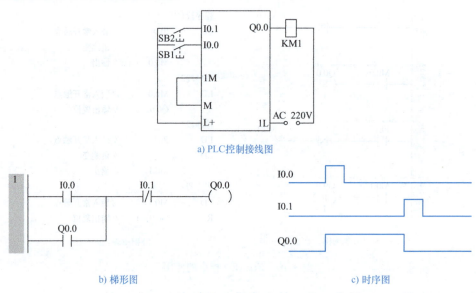

图 3-12 起保停电路梯形图、时序图

【例 3-2】 互锁电路。

互锁电路控制程序如图 3-13 所示，程序的输入信号分别是 I0.0 和 I0.1，若 I0.0 先接通，M0.0 有输出并自锁，同时 M0.0 的常闭触点断开，即使 I0.1 再接通，也不能使 M0.1 动作。若 I0.1 先接通，则情形与前述相反。此程序的这种约束控制称为互锁控制。

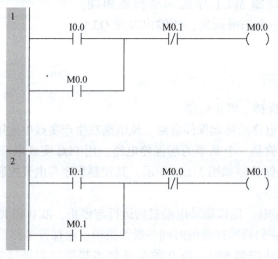

图 3-13 互锁电路梯形图

【例 3-3】 抢答器程序设计。

（1）控制任务 有 3 个抢答席和 1 个主持席，每个抢答席上各有 1 个抢答按钮和一盏抢答指示灯。参赛者在允许抢答时，第一个按下抢答按钮的抢答席上的指示灯将会亮，且释放抢答按钮后，指示灯仍然亮；此后另外两个抢答席上即使再按各自的抢答按钮，其指示灯也不会亮。这样主持人就可以清楚地知道谁是第一个按下抢答器的。该题抢答结束后，主持人按下主持席上的复位按钮，则指示灯熄灭，又可以进行下一题的抢答比赛。

工艺要求：本控制系统有 4 个按钮 SB0、SB1、SB2、SB3。另外，作为控制对象有 3 盏灯 HL1、HL2、HL3。

（2）I/O 分配表 输入/输出地址分配见表 3-4。

表 3-4 输入/输出地址分配

输入			输出		
符号	地址	功能	符号	地址	功能
SB0	I0.0	主持席上的复位按钮	HL1	Q0.1	抢答席 1 上的指示灯
SB1	I0.1	抢答席 1 上的抢答按钮	HL2	Q0.2	抢答席 2 上的指示灯
SB2	I0.2	抢答席 2 上的抢答按钮	HL3	Q0.3	抢答席 3 上的指示灯
SB3	I0.3	抢答席 3 上的抢答按钮			

（3）程序设计 抢答器的程序设计如图 3-14 所示。本例的要点是：如何实现抢答器指示灯的"自锁"功能，即当某一抢答席抢答成功后，即使释放其抢答按钮，其指示灯仍然亮，直至主持人进行复位才熄灭。

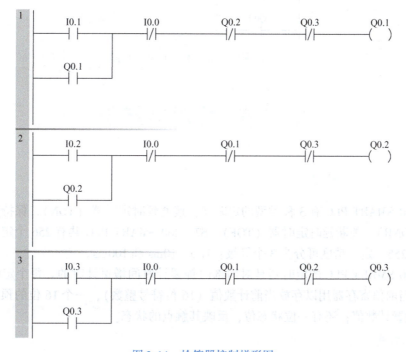

图 3-14 抢答器控制梯形图

【思考题】例 3-3 如果改成 4 个抢答席一个主持席，程序应该怎么设计？请修改程序并在实验台上进行检验。

【例3-4】 两台电动机依次起动控制（边沿触发指令编程举例）。

采用一个按钮控制两台电动机依次起动。控制要求是：按下按钮，第一台电动机起动，松开按钮，第二台电动机起动。这样可以使两台电动机的起动时间分开，从而防止两台电动机同时起动对电网造成不良影响。设 I0.0 为起动按钮，I0.1 为停止按钮，Q0.0、Q0.1 分别驱动两个电动机，其梯形图如图 3-15 所示。

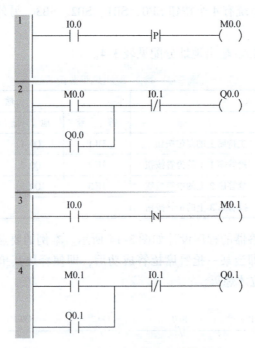

图 3-15 两台电动机依次起动梯形图

第二节 定时器指令

一、定时器指令介绍

S7-200 SMART PLC 有 3 种类型的定时器：接通延时定时器（TON）、保持型接通延时定时器（TONR）、关断延时定时器（TOF）。S7-200 SMART PLC 共有 256 个定时器，分别计为 T0~T255，定时精度可分为 3 个等级：1ms、10ms 和 100ms。

S7-200 SMART PLC 的定时器是对内部时钟累计时间增量计时的。每个定时器均有一个 16 位的当前值寄存器用以存放当前计数值（16 位符号整数），一个 16 位的预置值寄存器用于存放预置计数值；还有一位状态位，反映其触点的状态。

1. 工作方式

S7-200 SMART PLC 定时器按工作方式分为 3 大类，其指令格式见表 3-5。

第三章
S7-200 SMART PLC的指令

表3-5 定时器的指令格式

LAD	STL	说　明
???? ―IN　TON ????―PT	TON T××, PT	TON——接通延时定时器 TONR——保持型接通延时定时器 TOF——关断延时定时器 IN 是使能输入端，指令盒上方输入定时器的编号（T××），范围为T0～T255；PT 是预置值输入端，最大预置值为32767；PT 的数据类型为 INT PT 操作数有 IW、QW、MW、SMW、T、C、VW、SW、AC、常数
???? ―IN　TONR ????―PT	TONR T××, PT	
???? ―IN　TOF ????―PT	TOF T××, PT	

2. 时基

按时基脉冲分，有1ms、10ms、100ms 3 种定时器。不同的时基标准，定时精度、定时范围和定时器刷新的方式不同。

定时器使能输入有效后，当前计数值对 PLC 内部的时基脉冲从 0 开始进行加 1 计数，当计数值大于或等于定时器的预置值时，状态位置 1。其中，最小计时单位为时基脉冲的宽度，又为定时精度；从定时器输入有效，到状态位输出有效，经过的时间为定时时间，即定时时间=预置值×时基。当前值寄存器为 16 位，最大计数值为 32767，见表 3-6。时基越大，定时时间越长，但定时精度越差。

表3-6 定时器的类型

工作方式	时基/ms	最大定时范围/s	定时器号
TONR	1	32.767	T0, T64
	10	327.67	T1～T4, T65～T68
	100	3276.7	T5～T31, T69～T95
TON/TOF	1	32.767	T32, T96
	10	327.67	T33～T36, T97～T100
	100	3276.7	T37～T63, T101～T255

3. 定时器的工作原理

（1）接通延时定时器（TON）的工作原理　程序及时序分析如图3-16所示。当 I0.0 接通时，即使能端（IN）输入有效时，驱动 T37 开始计时，当前计数值从 0 开始递增，计数值达到预置值 PT 时，T37 状态位置 1（线圈得电），其常开触点 T37 闭合，驱动 Q0.0 输出，其后当前值仍增加，但不影响状态位。当前计数值的最大值为 32767。当 I0.0 断开时，使能端无效，T37 复位，当前计数值清 0，状态位也清 0（线圈失电），即恢复原始状态。若 I0.0

接通时间未到设定值就断开，T37 则立即复位，Q0.0 不会有输出。

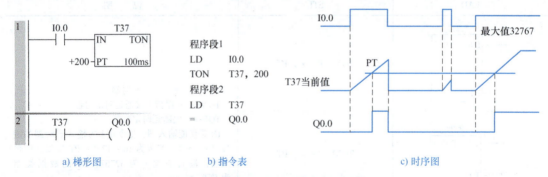

a) 梯形图　　　　　　　b) 指令表　　　　　　　c) 时序图

图 3-16　接通延时定时器工作原理分析

【例 3-5】　针对图 3-16 程序运行状态进行观察总结：

① 初始状态下，当前计数值是多少？T37 的线圈得电还是失电？

② 当 I0.0 接通时，当前计数值如何变化？

③ 当前计数值达到多少时，T37 的线圈得电？

④ 当前计数值大于预置值的时候，T37 的线圈得电还是失电？

⑤ 当 I0.0 断开时，当前计数值如何变化，T37 的线圈得电还是失电？

【思考题】　如果只用一个接通延时定时器，最大可以设定多长时间？如果想要实现长时间延时该怎么办呢？

方法：采用两个或两个以上定时器的串联（前一个定时器的常开触点串联上后一个定时器的线圈）实现长时间延时。

【例 3-6】　采用两个定时器实现 20s 的延时。

程序如图 3-17 所示。

【思考题】　采用 4 个定时器实现 30min 的延时。

【思考题】　如何用两个按钮控制实现例 3-6？

（2）保持型接通延时定时器（TONR）的工作原理　使能端（IN）输入有效（接通）时，定时器开始计时，当前计数值递增，当前计数值大于或等于预置值（PT）时，输出状态位置 1（线圈得电）。使能端输入无效（断开）时，当前值保持（记忆），使能端（IN）再次接通有效时，在原记忆值的基础上递增计时。

注意：保持型接通延时定时器采用线圈复位指令 R 进行复位操作，当复位线圈有效时，定时器当前前计数值清零，状态位也清零。

程序分析如图 3-18 所示。当输入 IN 为 1 时，定时器 T3 计时；当 IN 为 0 时，其当前计数值保持并不复位；下次 IN 再为 1 时，T3 当前计数值从原保持值开始往上加，将当前计数值与设定值 PT 比较，当前计数值大于或等于设定值时，T3 状态位置 1，驱动 Q0.0 有输出，以后即使 IN 再为 0，也不会使 T3 复位，要使 T3 复位，必须使用复位指令。

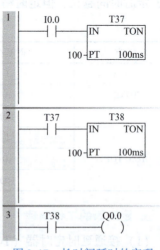

图 3-17　长时间延时的实现

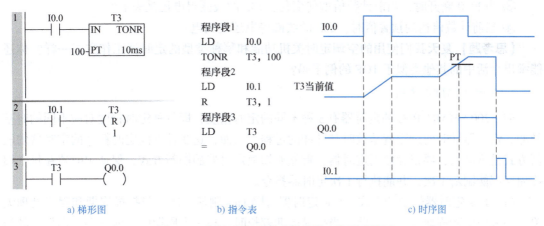

图 3-18 保持型接通延时定时器工作原理分析

【例 3-7】 针对图 3-18 程序运行状态进行观察总结：
① 初始状态下，当前计数值是多少？T3 的线圈得电还是失电？
② 当 I0.0 接通时，当前计数值如何变化？T3 的线圈得电还是失电？
③ 当 I0.0 断开时，当前计数值如何变化？T3 的线圈得电还是失电？
④ 当 I0.0 再次接通时，当前计数值如何变化？T3 的线圈得电还是失电？
⑤ 当前计数值达到多少时，T3 的线圈得电？
⑥ 当前计数值大于预置值的时候，T3 的线圈得电还是失电？

（3）关断延时定时器（TOF）的工作原理 关断延时定时器用来在输入断开，延时一段时间后，才断开输出。使能端（IN）输入有效时，定时器输出状态位立即置 1，当前计数值复位为 0。使能端（IN）断开时，定时器开始计时，当前计数值从 0 递增，当前计数值达到预置值时，定时器状态位复位为 0，并停止计时，当前值保持。

如果输入断开的时间小于预定时间，定时器仍保持接通。IN 再接通时，定时器当前值仍设为 0。关断延时定时器的应用程序及时序分析如图 3-19 所示。

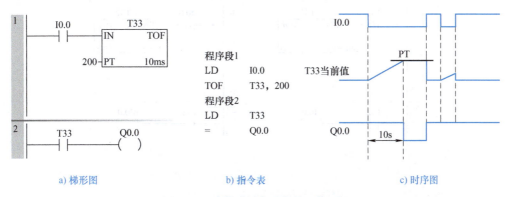

图 3-19 关断延时定时器的工作原理

【例 3-8】 针对图 3-19 程序运行状态进行观察总结：
① 初始状态下，当前计数值是多少？T33 的线圈得电还是失电？
② 当 I0.0 接通时，当前计数值如何变化？T33 的线圈得电还是失电？

③ 当 I0.0 断开时，当前计数值如何变化？T33 的线圈得电还是失电？

④ 当前计数值达到预置值时，T33 的线圈得电还是失电？

【思考题】夏天我们使用的空调定时关机功能和哪种类型的定时器工作方式一样？你还能举出生活中的其他类似于 TOF 的例子吗？

4. 定时器的刷新方式

S7-200 SMART PLC 的定时器有 3 种不同的定时精度，即每种定时精度对应不同的时基脉冲。定时器计时的过程就是数时基脉冲的过程。然而，这 3 种不同定时精度的定时器的刷新方式是不同的，要正确使用定时器，首先要知道定时器的刷新方式，保证定时器在每个扫描周期都能刷新 1 次，并能执行 1 次定时器指令。

（1）1ms 定时器的刷新方式　1ms 定时器每隔 1ms 刷新一次，与扫描周期和程序处理无关，即采用中断刷新方式。因此，当扫描周期较长时，在一个周期内可能被多次刷新，其当前值在一个扫描周期内不一定保持一致。

（2）10ms 定时器的刷新方式　10ms 定时器则由系统在每个扫描周期开始自动刷新。由于每个扫描周期内只刷新一次，故而每次程序处理期间，其当前值不变。

（3）100ms 定时器的刷新方式　100ms 定时器则在该定时器指令执行时刷新。下一条执行的指令，即可使用刷新后的结果，非常符合正常的思路，使用方便可靠。但应当注意，如果该定时器的指令不是每个周期都执行，定时器就不能及时刷新，可能导致出错。

5. 正确使用定时器

在 PLC 的应用中，经常使用具有自复位功能的定时器，即利用定时器自己的常闭触点去控制自己的线圈。要使用具有自复位功能的定时器，必须考虑定时器的刷新方式。

在图 3-20a 中，T32 是 1ms 定时器，只有正好在程序扫描到 T32 的常闭触点到 T32 的常开触点之间时被刷新，产生 1ms 的定时中断，并进行状态位的转换使 T32 的常开触点为 ON，从而使 M0.0 为 ON 一个扫描周期，否则 M0.0 将总是 OFF 状态。正确解决这个问题的方法是采用图 3-20b 所示的编程方式。

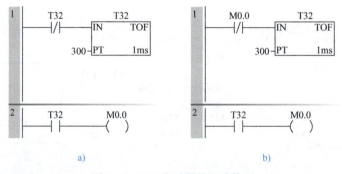

图 3-20　1ms 定时器的正确使用

在图 3-21a 中，T33 是 10ms 定时器，而 10ms 定时器是在扫描周期开始时被刷新的，由于 T33 的常闭触点和常开触点的相互矛盾状态，使得 M0.0 永远为 OFF 状态。正确解决这个问题的方法是采用图 3-21b 所示的编程方式。

对于 100ms 定时器，推荐采用图 3-22 所示的编程方式。

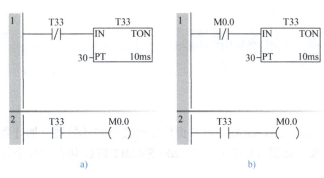
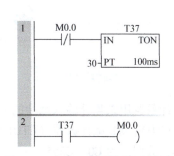

图 3-21 10ms 定时器的正确使用

图 3-22 100ms 定时器的正确使用

二、定时器指令应用举例

【例 3-9】 用接在 I0.0 输入端的光电开关检测传送带上通过的产品，有产品通过时 I0.0 为 ON，如果在 10s 内没有产品通过，由 Q0.0 发出报警信号，用 I0.1 输入端外接的开关解除报警信号。对应的梯形图如图 3-23 所示。

【例 3-10】 闪烁电路。

图 3-24 中 I0.0 的常开触点接通后，T37 的 IN 输入端为 1 状态，T37 开始定时。2s 后定时时间

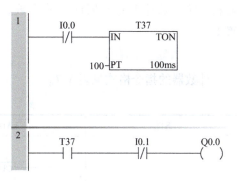

图 3-23 光电开关检测产品

到，T37 的常开触点闭合，使 Q0.0 变为 ON，同时 T38 开始计时。3s 后 T38 的定时时间到，它的常闭触点断开，使 T37 的 IN 输入端变为 0 状态，T37 的常开触点断开，Q0.0 变为 OFF，同时使 T38 的 IN 输入端变为 0 状态，其常闭触点接通，T37 又开始定时，以后 Q0.0 的线圈将这样周期性地"得电"和"失电"，直到 I0.0 变为 OFF，Q0.0 线圈"通电"时间等于 T38 的设定值，"失电"时间等于 T37 的设定值。

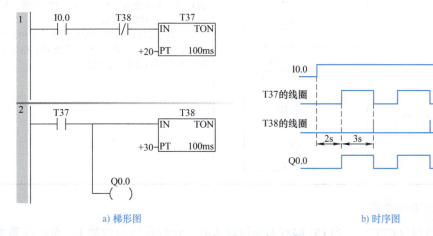

a) 梯形图   b) 时序图

图 3-24 闪烁电路

第三节　计数器指令

一、计数器指令介绍

计数器用来累计输入脉冲的数量。S7-200 SMART PLC 提供3种类型的计数器：加计数器（CTU），加/减计数器（CTUD），减计数器（CTD）。S7-200 SMART PLC 共有256个计数器，分别记为 C0~C255。

每个计数器提供一个16位的当前值寄存器和一个状态位，最大计数值为32767。计数器利用输入脉冲上升沿累计脉冲个数。计数器当前计数值大于或等于预置值时，状态位置1。

1. 计数器指令格式

计数器的指令格式见表3-7。

表 3-7　计数器的指令格式

STL	LAD	指令使用说明
CTU C×××, PV	????—CU CTU ????—R ????—PV	① 梯形图指令符号中：CU 为加计数脉冲输入端；CD 为减计数脉冲输入端；R 为计数值复位端；LD 为计数值装载端；PV 为预置值 ② C××× 为计数器的编号，范围为 C0~C255 ③ PV 预置值最大为32767；PV 的数据类型为 INT；PV 操作数为 VW、T、C、IW、QW、MW、SMW、AC、AIW、常数 ④ CTU、CTUD、CD 指令使用要点：STL 形式中 CU、CD、R、LD 的顺序不能错；CU、CD、R、LD 信号可为复杂逻辑关系
CTD C×××, PV	????—CD CTD ????—LD ????—PV	
CTUD C×××, PV	????—CU CTUD ????—CD ????—R ????—PV	

2. 计数器的工作原理

（1）加计数器（CTU）　当 CU 端有上升沿输入时，计数器当前值加1。当计数器当前计数值大于或等于预置值（PV）时，该计数器的状态位置1（计数器的线圈得电），其常开触点闭合。其后，计数器仍计数，但不影响计数器的状态位，直至计数达到最大值

(32767)。当复位端 R = 1 时，计数器复位，即当前值清零，状态位也清零（计数器的线圈失电）。

【例 3-11】 加计数器指令应用示例。

程序如图 3-25 所示，操作并观察现象。

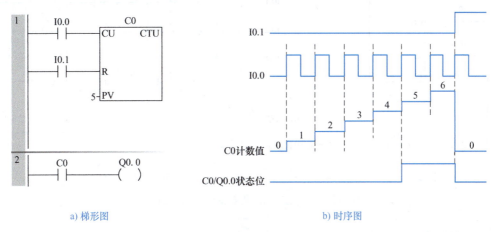

a) 梯形图　　　　　　　　　　　　　　b) 时序图

图 3-25　加计数器指令应用示例

（2）减计数器（CTD）　当计数值装载端 LD 有效时（LD = 1），计数器把预置值（PV）装入当前计数值存储器，计数器状态位复位（置 0）。当 LD = 0，即计数脉冲有效时，开始计数，CD 端每来一个输入脉冲上升沿，减计数器的当前计数值从设定值开始递减计数，当前计数值等于 0 时，计数器状态位置位（置 1），停止计数。

【例 3-12】 减计数器指令应用示例。

程序及运行时序如图 3-26 所示。

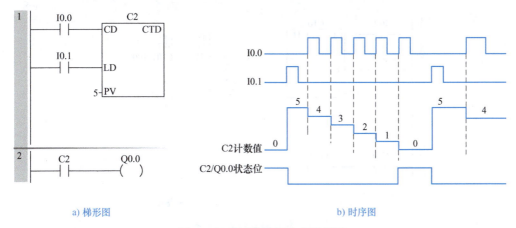

a) 梯形图　　　　　　　　　　　　　　b) 时序图

图 3-26　减计数器指令应用示例

（3）加/减计数器（CTUD）　当 CU 端（CD 端）有上升沿输入时，计数器当前值加 1（减 1）。当计数器当前值大于或等于设定值时，状态位置 1，即其常开触点闭合。当 R = 1 时，计数器复位，即当前值清零，状态位也清零。加/减计数器的计数范围：−32768 ~ 32767。

【例3-13】 加/减计数器指令应用示例。

程序及运行时序如图3-27所示。

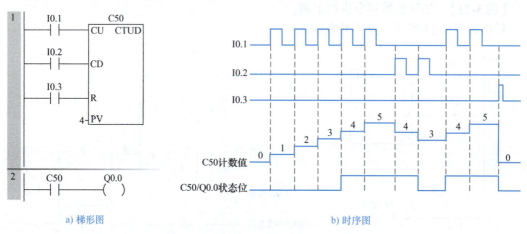

a) 梯形图　　　　　　　　　　　　　　b) 时序图

图3-27　加/减计数器指令应用示例

二、计数器指令举例

【例3-14】 药片自动数粒装瓶控制。

采用光电开关检测药片，每检测到60粒药后自动发出换瓶指令。设光电开关输入信号连接I0.1，换瓶信号由Q0.1发出，则对应的PLC程序如图3-28所示。在系统正式工作前，首先将加计数器清0，然后I0.1每检测到一粒药，加计数器自动加1，当计数器的当前值等于预设值60时，加计数器线圈得电，使Q0.1得电发出换瓶信号。换瓶结束，通过I0.2使加计数器复位，即可进入下一瓶药的计数装瓶工作。

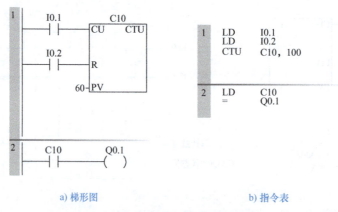

a) 梯形图　　　　　　　　　　　　　　b) 指令表

图3-28　药片自动数粒装瓶控制

【例3-15】 计数器扩展程序。

某零配件车间的自动生产线，需要10万个零件进行装箱。I0.0作为传感器信号输入，Q0.0控制装箱的驱动电动机。试设计其计数部分的梯形图。

零件计数装箱控制梯形图如图3-29所示。

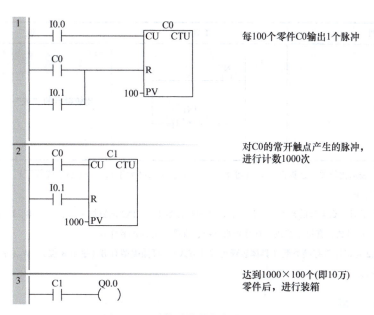

图 3-29 零件计数装箱控制梯形图

第四节 比较指令

一、比较指令

1. 比较指令介绍

比较指令是将两个数据类型相同的操作数 IN1 和 IN2 按指定的条件比较数值大小,可以比较字节无符号数、整数、双整数、实数和字符串。在梯形图中用带参数和运算符的触点表示比较指令。

满足比较关系式给出的条件时,比较指令对应的触点就闭合,否则触点断开。指令格式见表 3-8。

表 3-8 比较指令格式

STL	LAD	说 明
LD□××IN1, IN2	─┤××□├─ IN1 IN2	比较触点接起始母线
LD N A□××IN1, IN2	N IN1 ─┤├──┤××□├─ IN2	比较触点的"与"

(续)

STL	LAD	说　　明
LD　N O□××　IN1, IN2	（梯形图：N常开触点，下接 IN1 ××□ IN2 比较触点并联）	比较触点的"或"

注：1. "××"表示比较关系运算符：==（等于）、<（小于）、>（大于）、<=（小于或等于）、>=（大于或等于）、<>（不等于）。

2. "□"表示对什么类型的数据进行比较，□代表操作数 IN1、IN2 的数据类型，分为 B、I、D、R、S，分别表示字节无符号数、有符号整数、有符号双整数、有符号实数和字符串。

3. IN1、IN2 可以体现存储类型（具体表现为编址方式），存储类型有 B（字节 8 位）、W（字 16 位）、DW（双字 32 位）。

2. 类型匹配问题

比较指令中体现的存储类型、数据类型、编址方式应当匹配，见表 3-9。

表 3-9　类型对照关系

数据类型	字节无符号数 B	有符号整数 I	有符号双整数 D	有符号实数 R
存储类型	字节 B	字 W	双字 D(W)	
编址方式举例	VB0	VW0	VD0	

3. 比较指令的类型

比较指令包括字节无符号数比较指令、整数比较指令、双整数比较指令、实数比较指令和字符串比较指令。

1）字节无符号数比较指令用来比较两个字节无符号数 IN1 与 IN2 的大小，字节无符号数的范围是 0~255（16#80~16#7F）。

2）整数比较指令用来比较两个有符号整数 IN1 与 IN2 的大小，最高位为符号位，有符号整数的范围是 -32768~32767（16#8000~#7FFF）。

3）双整数比较指令用来比较两个有符号双整数 IN1 与 IN2 的大小，有符号双整数的范围是 -2147483648~2147483647（16#80000000~16#7FFFFFFF）。

4）实数比较指令用来比较两个有符号实数 IN1 与 IN2 的大小，实数的范围是 -10^{38} ~ 10^{38}。

5）字符串比较指令用来比较两个数据类型为 STRING 的 ASCII 码字符串相等或不等。字符串比较指令的比较条件只有等于"=="和不等于"<>"。

可以在两个字符串变量之间，或一个常数字符串和一个字符串变量之间进行比较。如果比较中使用了常数字符串，它必须是梯形图中比较触点上面的参数，或语句表比较指令中的第一个参数。

在程序编辑器中，常数字符串参数赋值必须以英文半角双引号字符开始和结束。常数字符串的最大长度为 126 个字符，每个字符占一字节。

二、指令应用举例

【例3-16】 控制要求：两个按钮 SB0、SB1 控制，按下起动按钮 SB0，3 盏灯循环亮，每个灯亮 1s，按下停止按钮 SB1，所有的灯全灭。要求使用定时器和比较指令结合实现。

设 PLC 的输入端子 I0.0 为起动按钮输入端，I0.1 为停止按钮输入端，Q0.0、Q0.1、Q0.2 分别控制 3 盏灯 L0、L1、L2。其对应的梯形图如图 3-30 所示。

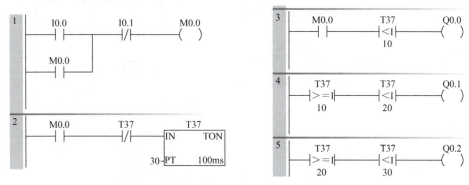

图 3-30　3 盏灯循环亮梯形图

【例3-17】 多台电动机分时起动控制：按下起动按钮后，3 台电动机每隔 3s 依次起动，按下停止按钮，3 台电动机同时停止。

设 PLC 的输入端子 I0.0 为起动按钮输入端，I0.1 为停止按钮输入端，Q0.0、Q0.1、Q0.2 分别为 3 台电动机的电源接触器输入端子。其对应的梯形图为图 3-31 所示。

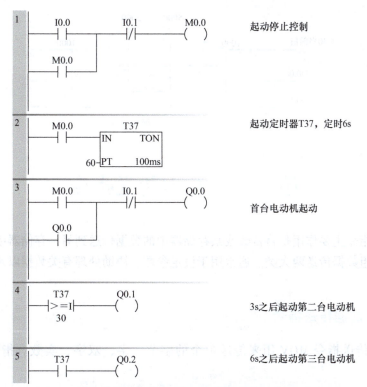

图 3-31　3 台电动机分时起动梯形图

【例 3-18】 控制要求：一自动仓库存放某种货物，最多 6000 箱，需对所存的货物进行计数。货物多于 1000 箱，灯 L1 亮；货物多于 5000 箱，灯 L2 亮。其中，L1 和 L2 分别受 Q0.0 和 Q0.1 控制，数值 1000 和 5000 分别存储在 VW20 和 VW30 字存储单元中。

本控制系统的程序如图 3-32 所示。程序执行时序如图 3-33 所示。

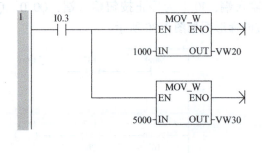
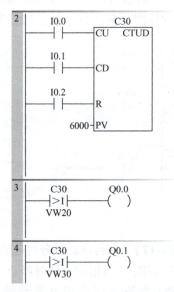

图 3-32 自动仓库控制梯形图

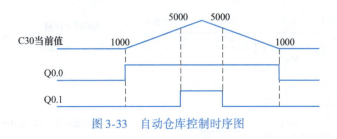

图 3-33 自动仓库控制时序图

第五节 数据传送指令

数据传送指令主要作用是将常数或某存储器中的数据传送到另一存储器中，它包括单个数据传送及成组数据传送两大类。通常用于设定参数、协助处理有关数据以及建立数据或参数表格等。

一、单个数据传送指令

单个数据传送指令 MOV 用来传送单个的字节、字、双字、实数。指令格式及功能见表 3-10。

第三章 S7-200 SMART PLC的指令

表 3-10 单个数据传送指令 MOV 指令格式

LAD	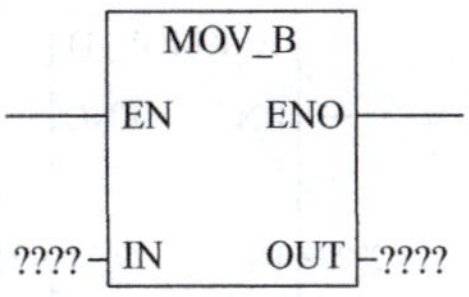 MOV_B EN ENO ????─IN OUT─????	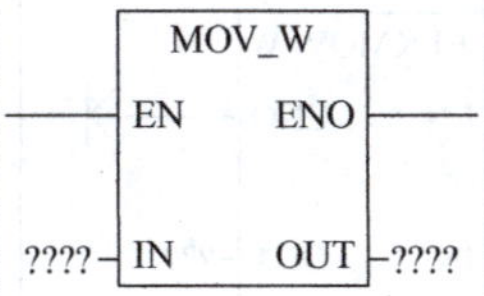 MOV_W EN ENO ????─IN OUT─????	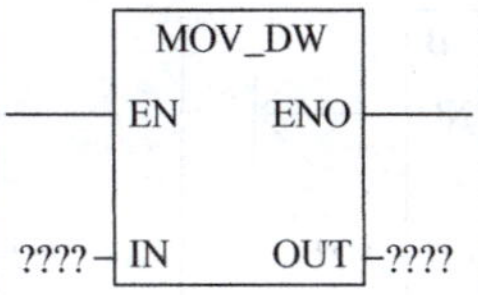 MOV_DW EN ENO ????─IN OUT─????	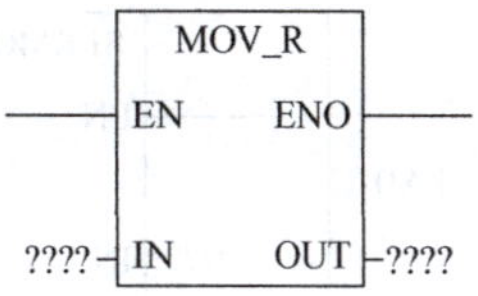 MOV_R EN ENO ????─IN OUT─????
STL	MOVB IN, OUT	MOVW IN, OUT	MOVD IN, OUT	MOVR IN, OUT
类型	字节	字、整数	双字、双整数	实数
功能	使能输入有效时，即 EN = 1 时，将一个输入 IN 的字节、字/整数、双字/双整数或实数送到输出 OUT 指定的存储器。在传送过程中不改变数据的大小。传送后，输入存储器 IN 中的内容不变			

【例 3-19】 初始化程序的设计。

存储器初始化程序是用于开机运行时对某些存储器清 0 或置数的一种操作。通常采用传送指令来编程。若开机运行时将 VB10 清 0、将 VW100 置数 1800，则对应的梯形图程序如图 3-34 所示。

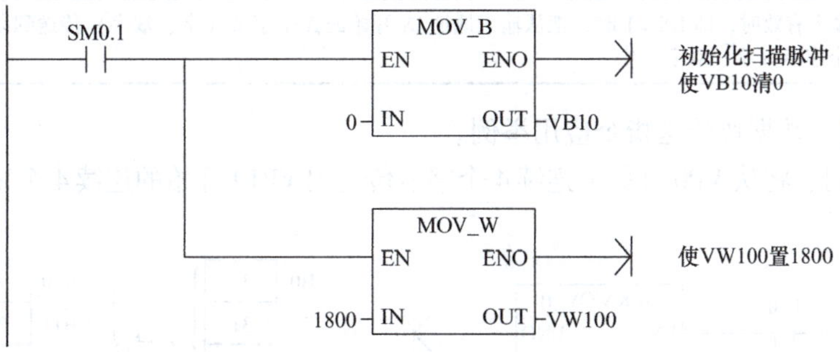

图 3-34 初始化程序

【例 3-20】 字传送指令应用举例，如图 3-35 所示。执行指令后 QW0 各位上的值应为多少？

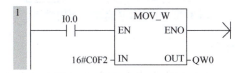

图 3-35 字传送指令应用举例

执行指令后 QW0 各位上的值见表 3-11。

表 3-11 转换对应表

	QW0															
	QB0								QB1							
位号	Q0.7							Q0.0	Q1.7							Q1.0
数值	1	1	0	0	0	0	0	0	1	1	1	1	0	0	1	0
16#	C			0					F				2			

二、数据块传送指令

数据块传送指令 BLKMOV 用于将从输入地址 IN 开始的 N 个数据传送到输出地址 OUT 开始的 N 个单元中，N 的范围为 1~255，N 的数据类型为字节。指令格式及功能见表 3-12。

表 3-12　数据块传送指令格式及功能

LAD	BLKMOV_B EN　ENO ????-IN　OUT-???? ????-N	BLKMOV_W EN　ENO ????-IN　OUT-???? ????-N	BLKMOV_D EN　ENO ????-IN　OUT-???? ????-N
STL	BMB IN, OUT, N	BMW IN, OUT, N	BMD IN, OUT, N
操作数及数据类型	・IN：VB、IB、QB、MB、SB、SMB、LB ・OUT：VB、IB、QB、MB、SB、SMB、LB ・数据类型：字节	・IN：VW、IW、QW、MW、SW、SMW、LW、T、C、AIW ・OUT：VW、IW、QW、MW、SW、SMW、LW、T、C、AQW ・数据类型：字	・IN/OUT：VD、ID、QD、MD、SD、SMD、LD ・数据类型：双字
	・N：VB、IB、QB、MB、SB、SMB、LB、AC、常量 ・数据类型：字节 ・数据范围：1~255		
功能	使能输入有效时，即 EN=1 时，把从输入地址 IN 开始的 N 个字节（字、双字）传送到以输出地址 OUT 开始的 N 个字节（字、双字）中		

【例 3-21】　数据块传送指令应用举例。

I0.0 闭合时，将从 VB0 开始的连续 4 个字节传送到 VB10 开始的连续 4 个字节。如图 3-36 所示。

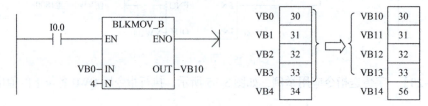

图 3-36　数据块传送指令应用举例

三、字节立即传送指令

字节立即传送指令包括字节立即读取指令和字节立即写入指令。指令格式见表 3-13。

表 3-13　字节立即传送指令格式

指令名称	指令形式	IN 的寻址范围	OUT 的寻址范围
字节立即读取指令	MOV_BIR EN　ENO ????-IN　OUT-????	IB、*VD、*LD、*AC	IB、QB、VB、MB、SMB、SB、LB、AC、*VD、*LD、*AC
字节立即写入指令	MOV_BIW EN　ENO ????-IN　OUT-????	IB、QB、VB、MB、SMB、SB、LB、AC、*VD、*LD、*AC、常数	QB、*VD、*LD、*AC

(1) 字节立即读取指令功能　当使能输入 EN 有效时，MOV_BIR 指令立即读取物理输入 IN 的状态，并将结果写入存储器地址 OUT 中，但不更新过程映像寄存器。

(2) 字节立即写入指令功能　当使能输入 EN 有效时，MOV_BIW 指令从存储器地址 IN 读取数据，并将其写入物理输出 OUT 以及相应的过程映像寄存器。

四、字节交换指令

字节交换指令用于交换字 IN 的最高有效字节和最低有效字节。字节交换指令的格式见表 3-14。

表 3-14　字节交换指令格式

指令名称	指令形式	IN 的寻址范围
字节交换指令	SWAP EN　ENO ????―IN	IW、QW、VW、MW、SMW、SW、T、C、LW、AC、*VD、*LD、*AC

【例 3-22】　字节交换指令应用举例。

示例如图 3-37 所示。

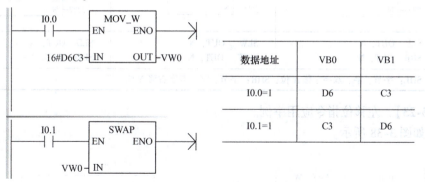

图 3-37　字节交换指令应用举例

第六节　移位指令

移位指令的作用是将存储器中的数据按要求进行某种移位操作。在控制系统中可用于数据的处理、跟踪和步进控制等。

移位指令分为 3 大类：左、右移位指令，循环左、右移位指令，寄存器移位指令。前两类移位指令按移位数据的长度又分字节型、字型、双字型 3 种。

一、左、右移位指令

1. 左移位指令（SHL）

使能输入有效时，将输入 IN 的无符号数（字节、字或双字）中的各位向左移 N 位后

(右端补0),将结果输出到OUT所指定的存储单元中,如果移位次数大于0,最后一次移出位保存在"溢出"存储器位SM1.1。如果移位结果为0,零标志位SM1.0置1。

2. 右移位指令（SHR）

使能输入有效时,将输入IN的无符号数（字节、字或双字）中的各位向右移N位后,将结果输出到OUT所指定的存储单元中,移出位补0,最后一次移出位保存在SM1.1。如果移位结果为0,零标志位SM1.0置1。指令格式及功能见表3-15。

表3-15 左、右移位指令格式及功能

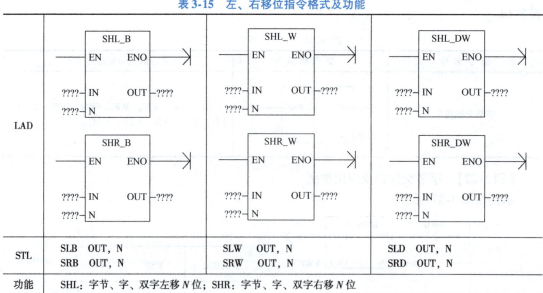

【例3-23】 左移位指令应用举例。

示例如图3-38所示。

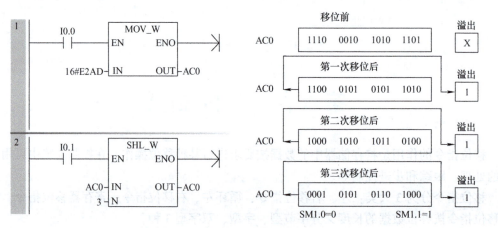

图3-38 左移位指令应用举例

二、循环左、右移位指令

循环移位指令将移位数据存储单元的首尾相连,同时又与溢出标志SM1.1连接,SM1.1

用来存放被移出的位。

1. 循环左移位指令（ROL）

使能输入有效时，将输入 IN 的无符号数（字节、字或双字）循环左移 N 位后，将结果输出到 OUT 所指定的存储单元中，移出的最后一位的数值送溢出标志位 SM1.1。当需要移位的数值是零时，零标志位 SM1.0 为 1。

2. 循环右移位指令（ROR）

使能输入有效时，将输入 IN 的无符号数（字节、字或双字）循环右移 N 位后，将结果输出到 OUT 所指定的存储单元中，移出的最后一位的数值送溢出标志位 SM1.1。当需要移位的数值是零时，零标志位 SM1.0 为 1。表 3-16 为循环左、右移位指令格式及功能。

表 3-16 循环左、右移位指令格式及功能

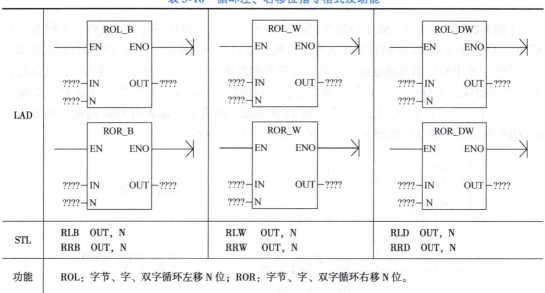

【例 3-24】 循环右移位指令应用举例。

示例如图 3-39 所示。

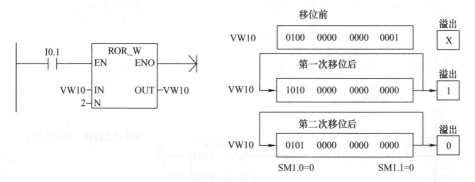

图 3-39 循环右移位指令应用举例

【例 3-25】 数据乘除 2^n 运算程序。

假定 VW0 中存有数据 160，先将其除以 8，结果存在 VW2 中；将其乘以 4，结果保存到 VW4 中。利用移位指令编程实现其运算结果的梯形图程序如图 3-40 所示。

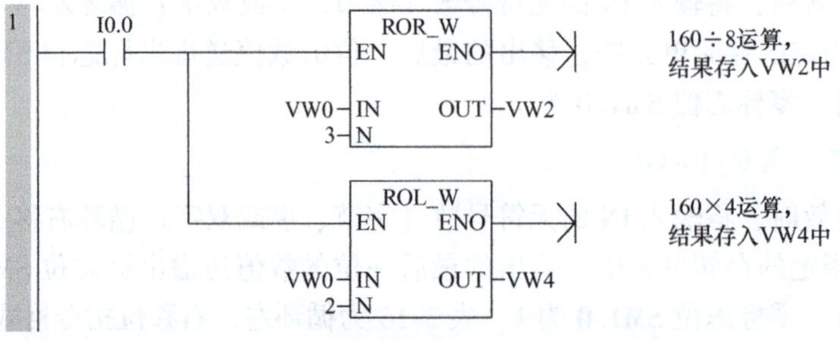

图 3-40 数据乘除 2^n 运算程序

【例 3-26】 用 I0.0、I0.1 设定为起动、停止控制，控制接在 Q0.0~Q0.7 上的 8 个彩灯 L0~L7，L0~L7 以 1s 的速度依次循环点亮，直到按下停止按钮，所有的彩灯同时熄灭。

分析：8 个彩灯循环点亮控制，可以用字节的循环移位指令。根据控制要求，首先置彩灯的初始状态为 QB0 = 1，即第一盏灯亮；可以通过字节的循环移位指令改变 QB0 的输出状态，使下一个彩灯点亮，用定时器控制 1s 的速度。所有彩灯熄灭时 QB0 的输出状态应为 0。QB0 输出状态的变化见表 3-17，其梯形图如图 3-41 所示。

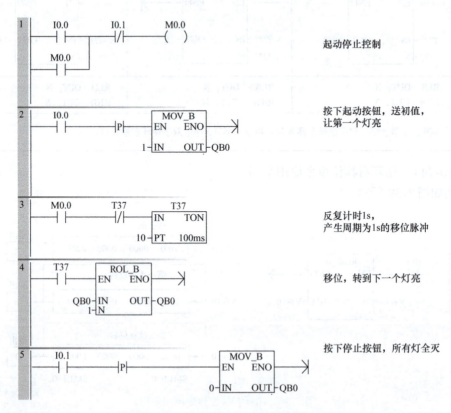

图 3-41 8 个彩灯循环点亮梯形图

第三章 S7-200 SMART PLC的指令

表3-17 输出状态表

L7	L6	L5	L4	L3	L2	L1	L0	
Q0.7	Q0.6	Q0.5	Q0.4	Q0.3	Q0.2	Q0.1	Q0.0	QB0
0	0	0	0	0	0	0	1	L0亮
0	0	0	0	0	0	1	0	L1亮
0	0	0	0	0	1	0	0	L2亮
0	0	0	0	1	0	0	0	L3亮
0	0	0	1	0	0	0	0	L4亮
0	0	1	0	0	0	0	0	L5亮
0	1	0	0	0	0	0	0	L6亮
1	0	0	0	0	0	0	0	L7亮
0	0	0	0	0	0	0	1	L0亮
0	0	0	0	0	0	0	0	全灭

三、移位寄存器指令

移位寄存器指令（SHRB）是可以指定移位寄存器的长度和移位方向的移位指令，实现将 DATA 数值移入移位寄存器。其指令格式见表3-18。

表3-18 SHRB 指令格式

梯 形 图	指 令 表	指 令 功 能
SHRB EN ENO ??.? — DATA ??.? — S_BIT ???? — N	SHRB DATA, S-BIT, N	移位寄存器位指令将 DATA 的数值移入移位寄存器

1. 指令说明

1）EN 为使能输入端，连接移位脉冲信号，每次使能有效时，整个移位寄存器的值移动 1 位。

2）DATA 为数据的移入位。

3）S_BIT 指定移位寄存器的最低位（起始位）。

4）N 指定移位寄存器的长度和移位方向，N 的数值表示数据的长度。N 的符号表示移位方向，N 为正值表示左移操作；N 为负值表示右移操作。

2. 移位操作

左移操作用长度 N 的正值表示。将 DATA 的输入值移入由 S_BIT 指定的最低有效位位置，然后移出移位寄存器的最高有效位，然后将移出的数值放在溢出存储器位 SM1.1 中。

右移操作用长度 N 的负值表示。将 DATA 的输入值移入移位寄存器的最高有效位，然后移出由 S_BIT 指定的最低有效位。然后将移出的数据放在溢出存储器位 SM1.1 中。

第七节 运算指令

一、算术运算指令

1. 整数与双整数加减法指令

整数加法（ADD_I）和减法（SUB_I）指令：使能输入有效时，将两个16位符号整数相加或相减，并产生一个16位的结果输出到OUT。

双整数加法（ADD_DI）和减法（SUB_DI）指令：使能输入有效时，将两个32位符号整数相加或相减，并产生一个32位结果输出到OUT。

整数与双整数加减法指令格式见表3-19。

表 3-19 整数与双整数加减法指令格式

	ADD_I	SUB_I	ADD_DI	SUB_DI
LAD	EN ENO IN1 OUT IN2	EN ENO IN1 OUT IN2	EN ENO IN1 OUT IN2	EN ENO IN1 OUT IN2
功能	IN1 + IN2 = OUT	IN1 − IN2 = OUT	IN1 + IN2 = OUT	IN1 − IN2 = OUT
操作数及数据类型	·IN1/IN2：VW、IW、QW、MW、SW、SMW、T、C、AC、LW、AIW、常量、*VD、*LD、*AC ·OUT：VW、IW、QW、MW、SW、SMW、T、C、LW、AC、*VD、*LD、*AC ·IN/OUT 数据类型：整数		·IN1/IN2：VD、ID、QD、MD、SMD、SD、LD、AC、HC、常量、*VD、*LD、*AC ·OUT：VD、ID、QD、MD、SMD、SD、LD、AC、*VD、*LD、*AC ·IN/OUT 数据类型：双整数	

【例3-27】 对常数5和常数3进行加法运算。

如果采用语句表指令编程，则必须先将其中一个常数存入存储器或累加器中，然后再将另一个常数与存储器或累加器中的数据进行加法运算，若采用梯形图指令编程，可直接将两数进行相加运算，对应程序的梯形图及语句表如图3-42所示。

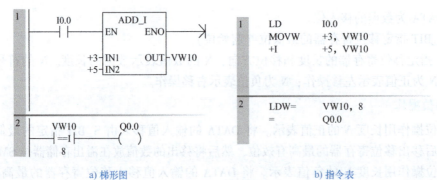

a) 梯形图　　　　　　　　　　　b) 指令表

图3-42 整数加法运算

【思考题】观察图3-43所示程序,运行结果是否正确,如果结果不正确,请你想一想错出在哪里?

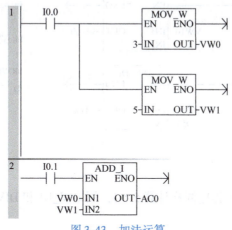

图 3-43 加法运算

2. 整数乘除法指令

整数乘法指令(MUL_I):使能输入有效时,将两个16位符号整数相乘,并产生一个16位的乘积,从OUT指定的存储单元输出。

整数除法指令(DIV_I):使能输入有效时,将两个16位符号整数相除,并产生一个16位的商,从OUT指定的存储单元输出,不保留余数。如果输出结果大于一个字,则溢出位SM1.1置位为1。

双整数乘法指令(MUL_D):使能输入有效时,将两个32位符号整数相乘,并产生一个32位的乘积,从OUT指定的存储单元输出。

双整数除法指令(DIV_D):使能输入有效时,将两个32位符号整数相除,并产生一个32位的商,从OUT指定的存储单元输出,不保留余数。

整数乘法产生双整数指令(MUL):使能输入有效时,将两个16位整数相乘,得出一个32位的乘积,从OUT指定的存储单元输出。

整数除法产生双整数指令(DIV):使能输入有效时,将两个16位整数相除,得出一个32位结果,从OUT指定的存储单元输出。其中高16位存放余数,低16位存放商。

整数乘除法指令格式见表3-20。

表 3-20 整数乘除法指令格式

	MUL_I	DIV_I	MUL_DI	DIV_DI	MUL	DIV
LAD	EN ENO IN1 OUT IN2	EN ENO IN1 OUT IN2	EN ENO IN1 OUT IN2	EN ENO IN1 OUT IN2	EN ENO IN1 OUT IN2	EN ENO IN1 OUT IN2
功能	IN1×IN2=OUT	IN1/IN2=OUT	IN1×IN2=OUT	IN1/IN2=OUT	IN1×IN2=OUT	IN1/IN2=OUT

【例3-28】 假定I0.0得电,执行VW10乘以VW20;VD40除以VD50操作(不保留余数),并分别将结果存入VW30和VD60中。

对应的梯形图程序及语句表如图 3-44 所示。

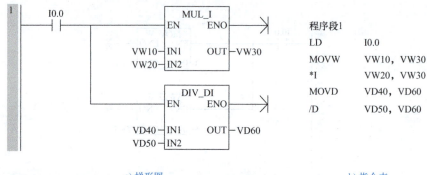

a) 梯形图　　　　　　　　　　　　　　b) 指令表

图 3-44　乘除法运算

【思考题】观察图 3-45 程序同样计算 5÷3，用 DIV_DI 和 DIV 运算，运算结果 VD10 和 VD20 有什么区别？

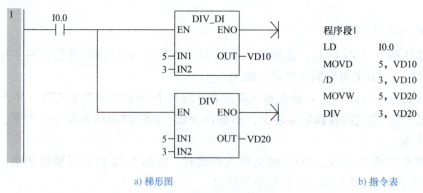

a) 梯形图　　　　　　　　　　　　　　b) 指令表

图 3-45　除法运算

3. 实数加减乘除指令

实数加法指令（ADD_R）、减法指令（SUB_R）：将两个 32 位实数相加或相减，并产生一个 32 位实数结果，从 OUT 指定的存储单元输出。

实数乘法指令（MUL_R）、除法指令（DIV_R）：使能输入有效时，将两个 32 位实数相乘（除），并产生一个 32 位积（商），从 OUT 指定的存储单元输出。

指令格式见表 3-21。

表 3-21　实数加减乘除指令格式

	ADD_R	SUB_R	MUL_R	DIV_R
LAD	EN ENO IN1 OUT IN2	EN ENO IN1 OUT IN2	EN ENO IN1 OUT IN2	EN ENO IN1 OUT IN2
功能	IN1 + IN2 = OUT	IN1 − IN2 = OUT	IN1 × IN2 = OUT	IN1/IN2 = OUT

4. 数学函数变换指令

1）二次方根（SQRT）指令：对 32 位实数（IN）取二次方根，并产生一个 32 位实数结果，从 OUT 指定的存储单元输出。

2）自然指数（EXP）指令：将 IN 取以 e 为底的指数，并将结果置于 OUT 指定的存储单元中。

3）自然对数（LN）指令：对 IN 中的数值进行自然对数计算，并将结果置于 OUT 指定的存储单元中。

4）三角函数指令：将一个实数的弧度值 IN 分别求正弦（SIN）、余弦（COS）、正切（TAN），得到实数运算结果，从 OUT 指定的存储单元输出。

数学函数变换指令格式及功能见表 3-22。

表 3-22 数学函数变换指令格式及功能

LAD	SQRT EN ENO IN OUT	LN EN ENO IN OUT	EXP EN ENO IN OUT	SIN EN ENO IN OUT	COS EN ENO IN OUT	TAN EN ENO IN OUT
STL	SQRT IN, OUT	LN IN, OUT	EXP IN, OUT	SIN IN, OUT	COS IN, OUT	TAN IN, OUT
功能	SQRT(IN)=OUT 二次方根	LN(IN)=OUT 自然对数	EXP(IN)=OUT 自然指数	SIN(IN)=OUT 正弦	COS(IN)=OUT 余弦	TAN(IN)=OUT 正切

【例 3-29】 求 45°正弦值。

分析：先将 45°转换为弧度：(3.14159/180.0)*45.0，再求正弦值。

程序如图 3-46 所示。

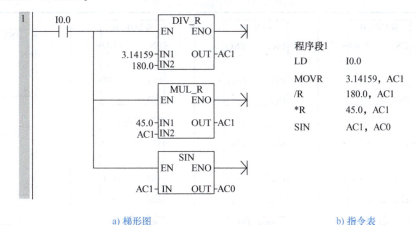

a) 梯形图　　　　　　　　　　　　　　b) 指令表

图 3-46　求正弦值

二、逻辑运算指令

1. 逻辑运算

逻辑运算是对无符号数按位进行与、或、异或和取反等操作，可用于存储器的清零、设置标志位等。操作数的长度有 B（字节 8 位）、W（字 16 位）、DW（双字 32 位）。进行逻辑运算时，需先将操作数转换为二进制形式，然后按位进行运算。逻辑运算及结果见表 3-23。

表 3-23 逻辑运算及结果

操 作 数		与	或	异 或	操 作 数	取 反
0	0	0	0	0	0	1
0	1	0	1	1	1	0
1	0	0	1	1		
1	1	1	1	0		

【例 3-30】 将 16#BA 和 16#A6 两个数进行与、或、异或运算；对 16#BA 进行取反运算后的结果分别是多少？

首先应该将两个十六进制数转换成二进制数，然后再进行逻辑运算，运算结果见表 3-24。

表 3-24 逻辑运算举例

操作数 16#BA	1 0 1 1 1 0 1 0
操作数 16#A6	1 0 1 0 0 1 1 0
与运算的结果	1 0 1 0 0 0 1 0
或运算的结果	1 0 1 1 1 1 1 0
异或运算	0 0 0 1 1 1 0 0
操作数 16#BA 取反	0 1 0 0 0 1 0 1

2. 逻辑运算指令的格式

逻辑运算指令的格式见表 3-25。

表 3-25 逻辑运算指令格式

LAD	WAND_B EN ENO IN1 OUT IN2 WAND_W EN ENO IN1 OUT IN2 WAND_DW EN ENO IN1 OUT IN2	WOR_B EN ENO IN1 OUT IN2 WOR_W EN ENO IN1 OUT IN2 WOR_DW EN ENO IN1 OUT IN2	WXOR_B EN ENO IN1 OUT IN2 WXOR_W EN ENO IN1 OUT IN2 WXOR_DW EN ENO IN1 OUT IN2	INV_B EN ENO IN OUT INV_W EN ENO IN OUT INV_DW EN ENO IN OUT	
STL	ANDB IN1, OUT ANDW IN1, OUT ANDD IN1, OUT	ORB IN1, OUT ORW IN1, OUT ORD IN1, OUT	XORB IN1, OUT XORW IN1, OUT XORD IN1, OUT	INVB OUT INVW OUT INVD OUT	
功能	IN1, IN2 按位相与	IN1, IN2 按位相或	IN1, IN2 按位异或	对 IN 按位取反	

【例3-31】 假设VW10字存储单元存有一个负整数，求其绝对值，结果仍然存放在VW10中。

```
     I0.1         VW10              INV_W
  ──| |──────|P|──| <I |──────────┤EN   ENO├──
                  0                
                              VW10─┤IN   OUT├─VW10
                                   
                                     INC_W
                                 ┤EN   ENO├──
                             VW10─┤IN   OUT├─VW10
```

a) 梯形图

LD	I0.1	
EU		在I0.1的上升沿
AW<	VW10, 0	如果VW10中为负数
INVW	VW10	VW10逐位取反
INCW	VW10	加1得到原VW10中的数的绝对值

b) 指令表

图3-47 例3-31图

【例3-32】 要求用字节逻辑"或"运算将QB0的低3位置为1，其余各位保持不变。

图3-48中的WOR_B指令的输入参数IN1（16#07）的最低3位为1，其余各位为0。QB0的某一位与1作"或"运算，运算结果为1，与0作"或"运算，运算结果不变。不管QB0最低3位为0或1，逻辑"或"运算后QB0的这几位总是1，其他位不变。

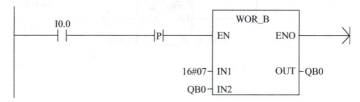

图3-48 逻辑或运算

【例3-33】 假设用IW1的低12位读取3位拨码开关的BCD码，IW1的高4位另做它用。

图3-49中的WAND_W指令的输入参数IN2（16#0FFF）的最高4位二进制数为0，低12位为1。IW1的某一位与1作"与"运算，运算结果不变；与0作"与"运算，运算结果为0。WAND_W指令的运算结果VW12的低12位与IW1的低12位（3位拨码开关输BCD码）的值相同，VW12的高4位为0。

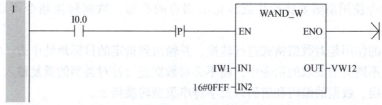

图3-49 逻辑与运算

三、递增、递减指令

递增、递减指令用于对输入的无符号数字节、有符号数字、有符号数双字进行加1或减1的操作。格式见表3-26。

表3-26 递增、递减指令格式

LAD	INC_B EN ENO / IN OUT DEC_B EN ENO / IN OUT	INC_W EN ENO / IN OUT DEC_W EN ENO / IN OUT	INC_DW EN ENO / IN OUT DEC_DW EN ENO / IN OUT
STL	INCB OUT DECB OUT	INCW OUT DECW OUT	INCD OUT DECD OUT
功能	字节加1 字节减1	字加1 字减1	双字加1 双字减1

【例3-34】 I0.2 每接通一次，AC0 的内容自动加1，VW100 的内容自动减1。其梯形图程序及语句表如图3-50 所示。

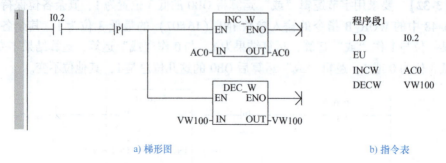

a) 梯形图　　　　　　　　　　　　　b) 指令表

图3-50 【例3-34】图

第八节　转　换　指　令

S7-200 SMART PLC 中的主要数据类型有字节（无符号数）、整数、双整数和实数，主要数制有 BCD 码、ASCII 码、十进制和十六进制等。不同指令对操作数的类型要求不同，因此在指令使用前需要将操作数转化成相应的类型，数据转换指令可以完成这样的功能。

转换指令的作用是对数据格式进行转换，并输出到指定的目标地址中去。它可将固定的一个数据用到不同类型要求的指令中，而不必对数据进行针对类型的重复输入。转换指令包括数据类型转换、数据的编码和解码以及字符串类型转换指令。

一、数据类型转换

1. 字节与整数之间转换

字节与整数之间转换指令格式见表 3-27。

表 3-27 字节与整数之间转换指令格式

LAD	B_I EN ENO ????— IN OUT —????	I_B EN ENO ????— IN OUT —????
STL	BTI IN, OUT	ITB IN, OUT
操作数及数据类型	·IN：VB、IB、QB、MB、SB、SMB、LB、AC、常量 数据类型：字节 ·OUT：VW、IW、QW、MW、SW、SMW、LW、T、C、AC 数据类型：整数	·IN：VW、IW、QW、MW、SW、SMW、LW、T、C、AIW、AC、常量 数据类型：整数 ·OUT：VB、IB、QB、MB、SB、SMB、LB、AC 数据类型：字节
功能及说明	·BTI 指令：将字节值（IN）转换成整数值，并将结果置入 OUT 指定的存储单元。字节是无符号的，因此没有符号扩展位	·ITB 指令：将整数值（IN）转换成字节，并将结果置入 OUT 指定的存储单元。可转换 0~255，所有其他值将导致溢出，且输出不受影响

注：1. 整数转换到字节指令 ITB 中，输入数据的大小为 0~255，若超出这个范围，则会造成溢出，使 SM1.1 = 1。
2. IN、OUT 的数据类型一个为整数，一个为字节型数据。

2. 整数与双整数之间的转换

整数与双整数之间转换指令格式见表 3-28。

表 3-28 整数与双整数之间的转换指令格式

LAD	I_DI EN ENO ????— IN OUT —????	DI_I EN ENO ????— IN OUT —????
STL	ITD IN, OUT	DTI IN, OUT
操作数及数据类型	·IN：VW、IW、QW、MW、SW、SMW、LW、T、C、AIW、AC、常量 数据类型：整数 ·OUT：VD、ID、QD、MD、SD、SMD、LD、AC 数据类型：双整数	·IN：VD、ID、QD、MD、SD、SMD、LD、HC、AC、常量 数据类型：双整数 ·OUT：VW、IW、QW、MW、SW、SMW、LW、T、C、AC 数据类型：整数
功能及说明	·ITD 指令：将整数值（IN）转换成双整数值，并将结果置入 OUT 指定的存储单元。符号位扩展到高字节中	·DTI 指令：将双整数值（IN）转换成整数值，并将结果置入 OUT 指定的存储单元。如果转换的数值过大，则无法在输出中表示，产生溢出 SM1.1 = 1，输出不受影响

【例3-35】 在I0.0闭合时将VW20中的整数转换为双整数,存入VD40中。对应的梯形图程序及转换结果如图3-51所示。

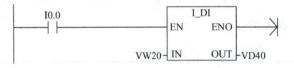

执行前VW20=16#0246
执行后VD40=16#00000246

图3-51 整数转换为双整数

3. 双整数与实数之间的转换

双整数与实数之间的转换指令格式见表3-29。

表3-29 双整数与实数之间的转换指令格式

LAD	STL	功 能
DI_R EN ENO ????—IN OUT—????	DTR IN, OUT	·双整数转换为实数:将32位有符号双整数IN转换为32位实数,并将结果存入分配给OUT的地址处
ROUND EN ENO ????—IN OUT—????	ROUND IN, OUT	·取整:将32位实数IN转换为双整数,并将取整(四舍五入)后的结果存入分配给OUT的地址中。如果小数部分大于或等于0.5,该实数值将进位
TRUNC EN ENO ????—IN OUT—????	TRUNC IN, OUT	·截断:将32位实数IN转换为32位有符号双整数输出,并将结果存入分配给OUT的地址中。只有实数的整数部分被转换,小数部分则被舍去

注:1. ROUND、TRUNC指令都能将实数转换成双整数。但前者将小数部分四舍五入,转换为整数,而后者将小数部分直接舍去取整。
  2. 要将整数转换为实数,必须先进行整数到双整数的转换,再执行双整数到实数的转换。

【例3-36】 ROUND、TRUNC指令应用举例。
ROUND、TRUNC指令应用举例如图3-52所示。

【例3-37】 计算直径为9876mm圆的周长,并将求得的结果转换为整数。
程序如图3-53所示。

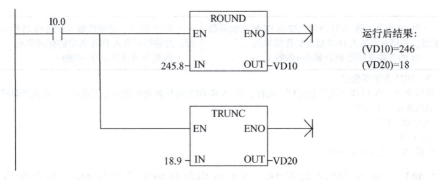

图 3-52　ROUND、TRUNC 指令举例

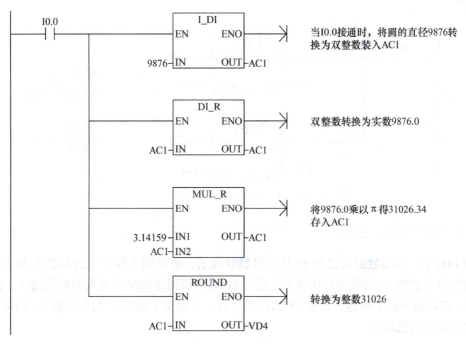

图 3-53　求圆的周长

4. BCD 码与整数之间的转换

BCD 码与整数之间的转换指令格式见表 3-30。

表 3-30　BCD 码与整数之间的转换指令格式

LAD	BCD_I EN　ENO ????—IN　OUT—????	I_BCD EN　ENO ????—IN　OUT—????
STL	BCDI　OUT	IBCD　OUT
操作数及数据类型	· IN：VW、IW、QW、MW、SW、SMW、LW、T、C、AIW、AC、常量 · OUT：VW、IW、QW、MW、SW、SMW、LW、T、C、AC · IN/OUT 数据类型：字	

(续)

功能及说明	·BCDI 指令：将 BCD 码输入数据 IN 转换成整数类型，并将结果送入 OUT 指定的存储单元 ·IN 的有效范围是 BCD 码 0～9999	·IBCD 指令：将整数输入数据 IN 转换成 BCD 码类型，并将结果送入 OUT 指定的存储单元 ·IN 的有效范围是 0～9999

注：1. IN、OUT 为字型数据。
  2. 梯形图中，IN 和 OUT 可以指定同一元件。若 IN 和 OUT 操作数地址指的是不同元件，在执行转换指令时，分成两条指令来操作：
   MOV IN, OUT
   BCDI OUT
  3. 数据 IN 的范围是 0～9999。

【例 3-38】 VW10 中存有数据 256，VW30 中存有 BCD 码数据 100，试分别执行 IBCD、BCDI 指令。

对应的梯形图程序及执行结果如图 3-54 所示。

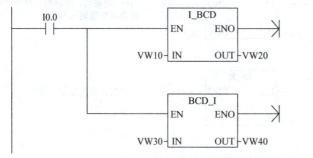

运行前：
(VW10)=256
(VW30)=16#0100

运行后：
(VW20)=16#0256
(VW40)=100

图 3-54 整数和 BCD 码转换

二、解码与编码指令

在 PLC 中，字型数据可以用 16 位二进制数表示，也可用 4 位十六进制数来表示。解码指令将字节型数据 IN 的低四位所表示的位号对 OUT 所指定的字单元的对应位置 1，其他位设置 0。编码指令将字型输入数据 IN 的最低有效位（值为 1 的位）的位号输入到 OUT 所指定的字节单元的低四位。

1. 解码、编码指令

解码和编码指令格式见表 3-31。

表 3-31 解码和编码指令格式

LAD	DECO EN　ENO ???? ─ IN　OUT ─ ????	ENCO EN　ENO ???? ─ IN　OUT ─ ????
STL	DECO IN, OUT	ENCO IN, OUT
操作数及数据类型	·IN：VB、IB、QB、MB、SMB、LB、SB、AC、常量 数据类型：字节 ·OUT：VW、IW、QW、MW、SMW、LW、SW、AQW、T、C、AC 数据类型：字	·IN：VW、IW、QW、MW、SMW、LW、SW、AIW、T、C、AC、常量 数据类型：字 ·OUT：VB、IB、QB、MB、SMB、LB、SB、AC 数据类型：字节

(续)

功能及说明	·解码指令：使能输入有效时，将字节型数据 IN 的低 4 位所表示的位号对 OUT 所指定的字单元的对应位置 1，其他位设置 0	·编码指令：使能输入有效时，将字型输入数据 IN 的最低有效位（值为 1 的位）的位号输入到 OUT 所指定的字节单元的低 4 位

【例 3-39】 编码指令应用举例。

如果 MW3 中有一个数据的最低有效位是第 2 位（从第 0 位算起），则执行编码指令后，VB3 中的数据位 16#02，其低字节为 MW3 中的最低有效位的位值号。对应的梯形图程序如图 3-55 所示。

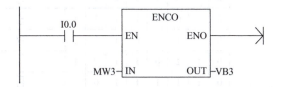

运行前：
(MW3)=2#0000 0000 0000 1100

运行后：
(VB3)=16#02

图 3-55 编码指令应用举例

【例 3-40】 解码指令应用举例。

如果 VB2 中存有一数据 16#08，即低 4 位数据为 8，则执行 DECO 指令，将使 MW2 中的第八位数据位置 1，而其他数据位置 0，对应的程序如图 3-56 所示。

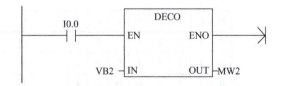

运行前：
(VB2)=16#08

运行后：
(MW2)=2#0000 0001 0000 0000

图 3-56 解码指令应用举例

2. 七段译码指令 SEG

七段译码指令使能输入有效时，将字节型输入数据 IN 的低 4 位有效数字生成相应的七段码，并将其输出到 OUT 所指定的字节单元。

七段译码指令 SEG 将输入字节 16#0 ~ F 转换成七段显示码。指令格式见表 3-32。

表 3-32 七段译码指令格式

LAD	STL	功能及操作数
SEG -EN ENO- ????-IN OUT-????	SEG IN, OUT	·功能：将输入字节（IN）的低四位确定的十六进制数（16#0 ~ F）转换，产生相应的七段显示码，送入输出字节 OUT ·IN：VB、IB、QB、MB、SB、SMB、LB、AC、常量 ·OUT：VB、IB、QB、MB、SMB、LB、AC IN/OUT 的数据类型：字节

说明：

1）七段显示数码管 g、f、e、d、c、b、a 的位置关系和数字 0 ~ F 七段显示码的对应关系见表 3-33。

2）每段置 1 时亮，置 0 时暗。与其对应的 8 位编码（最高位补 0）称为七段显示码。例如：要显示数据"0"时，七段数码管明暗规则依次为（2#0111111）（g 管暗，其余各管亮），将高位补 0 后为（2#00111111）。即"0"译码为"16#3F"。

表 3-33 段码转换表

输入的数据		七段码组成	输出的数据								七段码显示
十六进制	二进制		.	g	f	e	d	c	b	a	
16#00	2#0000 0000		0	0	1	1	1	1	1	1	0
16#01	2#0000 0001		0	0	0	0	0	1	1	0	1
16#02	2#0000 0010		0	1	0	1	1	0	1	1	2
16#03	2#0000 0011		0	1	0	0	1	1	1	1	3
16#04	2#0000 0100		0	1	1	0	0	1	1	0	4
16#05	2#0000 0101		0	1	1	0	1	1	0	1	5
16#06	2#0000 0110		0	1	1	1	1	1	0	1	6
16#07	2#0000 0111		0	0	0	0	0	1	1	1	7
16#08	2#0000 1000		0	1	1	1	1	1	1	1	8
16#09	2#0000 1001		0	1	1	0	0	1	1	1	9
16#0A	2#0000 1010		0	1	1	1	0	1	1	1	A
16#0B	2#0000 1011		0	1	1	1	1	1	0	0	b
16#0C	2#0000 1100		0	0	1	1	1	0	0	1	C
16#0D	2#0000 1101		0	1	0	1	1	1	1	0	d
16#0E	2#0000 1110		0	1	1	1	1	0	0	1	E
16#0F	2#0000 1111		0	1	1	1	0	0	0	1	F

【例 3-41】 设 VB2 字节中存有十进制数 9，当 I0.0 得电时对其进行段码转换，以便进行段码显示。

程序如图 3-57 所示。

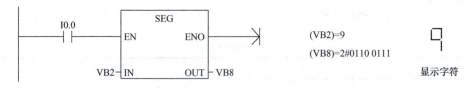

图 3-57 七段码转换

三、字符串转换指令

字符串转换指令是将标准字符编码 ASCII 码字符串与十六进制数、整数、双整数及实数之间的转换，字符串转换指令格式见表 3-34。

有效的 ASCII 输入字符为字母数字字符 0~9（十六进制代码值为 30~39）以及大写字符 A~F（十六进制代码值为 41~46）。

第三章
S7-200 SMART PLC的指令

表 3-34 字符串转换指令格式

LAD	STL	功能及操作数
ATH EN ENO ????–IN OUT–???? ????–LEN	ATH IN, OUT, LEN	·ASCII 转换为十六进制数：可以将长度为 LEN、从 IN 开始的 ASCII 字符转换为从 OUT 开始的十六进制数。可转换的最大 ASCII 字符数为 255 个字符
HTA EN ENO ????–IN OUT–???? ????–LEN	HTA IN, OUT, LEN	·十六进制数转换为 ASCII：可以将从输入字节 IN 开始的十六进制数转换为从 OUT 开始的 ASCII 字符。由长度 LEN 分配要转换的十六进制数的位数。可以转换的 ASCII 字符或十六进制数的最大数目为 255
ITA EN ENO ????–IN OUT–???? ????–FMT	ITA IN, OUT, FMT	·整数转换为 ASCII：可以将整数值 IN 转换为 ASCII 字符数组。格式参数 FMT 将分配小数点右侧的转换精度，并指定小数点显示为逗号还是句点。得出的转换结果将存入以 OUT 分配的地址开始的 8 个连续字节中
DTA EN ENO ????–IN OUT–???? ????–FMT	DTA IN, OUT, FMT	·双整数转换为 ASCII：指令可将双字 IN 转换为 ASCII 字符数组。格式参数 FMT 指定小数点右侧的转换精度。得出的转换结果将存入以 OUT 开头的 12 个连续字节中
RTA EN ENO ????–IN OUT–???? ????–FMT	RTA IN, OUT, FMT	·实数转换为 ASCII：可将实数值 IN 转换成 ASCII 字符。格式参数 FMT 会指定小数点右侧的转换精度、小数点显示为逗号还是句点以及输出缓冲区大小。得出的转换结果存入以 OUT 开头的输出缓冲区中

【例3-42】 编程将 VB100 中存储的 ASCII 码转换成十六进制数。已知（VB100）= 33，（VB101）= 32，（VB102）= 41，（VB103）= 45。

程序设计如图 3-58 所示。

程序运行结果：

执行前：（VB100）= 33，（VB101）= 32，（VB102）= 41，（VB103）= 45；

执行后：（VB200）= 32，（VB201） = AE。

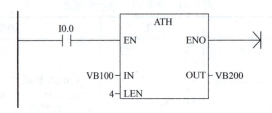

图 3-58　ASCII 码转换成十六进制数

第九节　程序控制类指令

程序控制类指令用于程序运行状态的控制，主要包括系统控制、跳转、循环、子程序调用、顺序控制等指令。

一、系统控制类指令

系统控制类指令见表 3-35。

表 3-35　系统控制类指令

梯 形 图	语 句 表	功　　能
——(STOP)	STOP	暂停指令
——(END)	END	条件结束指令
——(WDR)	WDR	看门狗复位指令

1. 停止指令（STOP）

STOP：停止指令。停止指令在使能输入有效时，立即终止程序的执行，令 CPU 从 RUN 模式切换到 STOP 模式。

如果在中断程序中执行 STOP 指令，该中断立即终止，所有挂起的中断将被忽略，继续扫描程序的剩余部分，在本次扫描的最后，将 CPU 由 RUN 切换到 STOP。

图 3-59　STOP 指令格式

2. 条件结束指令（END）

条件结束指令在使能输入有效时，终止用户程序的执行并返回主程序的第一条指令行。梯形图中该指令不连在左侧母线，END 指令只能用于主程序，不能在子程序和中断程序中使用。

3. 看门狗复位指令（WDR）

看门狗复位指令触发系统看门狗定时器，并将完成扫描的允许时间（看门狗超时错误

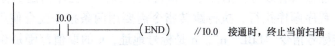

图 3-60　END 指令格式

出现之前）加 500ms。

CPU 处于 RUN 模式时，默认状态下，主扫描的持续时间限制为 500ms。如果主扫描的持续时间超过 500ms，则 CPU 会自动切换为 STOP 模式，并会发出非致命错误 001AH（扫描看门狗超时）。

看门狗定时器有一定的重启动时间，若程序扫描周期超过 300ms，最好使用看门狗复位指令，重新触发看门狗定时器，可以增加一次扫描时间。可以在程序中执行看门狗复位（WDR）指令来延长主扫描的持续时间。每次执行 WDR 指令时，扫描看门狗超时时间都会复位为 500ms。

但是，主扫描的最大绝对持续时间为 5s。如果当前扫描持续时间达到 5s，CPU 会无条件地切换为 STOP 模式。

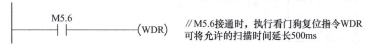

图 3-61　看门狗复位指令

工作原理：当使能输入有效时，看门狗定时器复位，可以增加一次扫描时间。若使能输入无效，看门狗定时器定时时间到，程序将终止当前指令的执行，重新启动，返回到第一条指令重新执行。

注意：使用 WDR 指令时，要防止过度延迟扫描完成时间，否则，在终止本扫描之前，下列操作过程将被禁止（不予执行）：通信（自由端口方式除外）、I/O 更新（立即 I/O 除外）、强制更新、SM 更新（SM0，SM5~SM9 不能被更新）、运行时间诊断、中断程序中的 STOP 指令。扫描时间超过 25ms，10ms、100ms 定时器将不能正确计时。

二、跳转、循环指令

1. 跳转指令（JMP）

跳转指令的功能是根据不同的逻辑条件，有选择地执行不同的程序。利用跳转指令可使程序结构更加灵活，减少扫描时间，从而加快系统的响应速度。跳转指令的格式见表 3-36。

表 3-36　跳转指令格式

梯 形 图	语 句 表	指 令 功 能
─(JMP)　n	JMP　n	条件满足时，跳转指令（JMP）可使程序转移到同一程序的具体标号（n）处
─┤ LBL ├─　n	LBL　n	跳转标号指令（LBL）标记跳转目的地的位置（n）

跳转指令在使能输入有效时，把程序的执行跳转到同一程序指定的标号（n）处执行；使能输入无效时，程序顺序执行。执行跳转指令需要用两条指令配合使用，跳转开始指令"JMP n"和跳转标号指令"LBL n"。n是标号地址，n的取值范围是0~255。指令格式见表3-36。

跳转指令JMP和LBL必须配合应用在同一个程序块中，即JMP和LBL可同时出现在主程序中，或者同时出现在子程序中，或者同时出现在中断程序中。不允许从主程序中跳转到子程序或中断程序，也不允许从某个子程序或中断程序中跳转到主程序或其他的子程序或中断程序。

【例3-43】 设I0.3为点动/连动控制选择开关，当I0.3得电时，选择点动控制；当I0.3不得电时，选择连续运行控制。

采用跳转指令控制的点动/连动控制程序如图3-62所示。

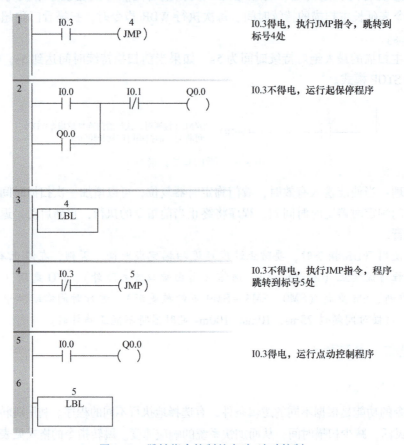

图3-62 跳转指令控制的点动/连动控制

【例3-44】 某生产线对产品进行加工处理，同时利用加/减计数器对成品进行累计，每当检测到100个成品时，就要跳过某些控制程序，直接进入小包装控制程序。每当检测到900个成品（9个小包装），直接进入大包装控制程序。相关的控制程序如图3-63所示。

2. 循环指令

在需要对某个程序段重复执行一定次数时，可采用循环结构。由FOR和NEXT指令构成程序的循环体。FOR指令标记循环的开始，NEXT指令为循环体的结束指令。

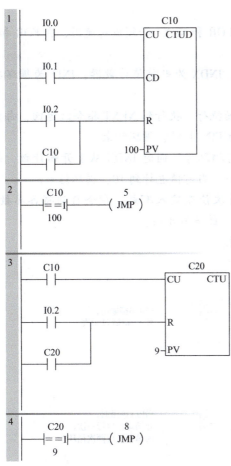
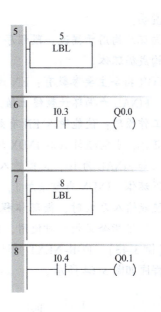

图 3-63 JMP 指令应用梯形图

（1）循环开始指令 FOR　循环开始指令是标记循环体的开始。其指令格式见表 3-37。

表 3-37　FOR 指令格式

梯　形　图	语　句　表	功　能　描　述
FOR EN　　ENO ????─INDX ????─INIT ????─FINAL	FOR INDX, INIT, FINAL	·FOR 指令执行 FOR 和 NEXT 指令之间的指令。需要分配索引值或当前循环计数 INDX、起始循环计数 INIT 和结束循环计数 FINAL

（2）循环结束指令 NEXT　循环结束指令 NEXT 的功能是标记循环体的结束，循环结束指令以线圈的形式编程。其指令格式见表 3-38。

表 3-38　NEXT 指令格式

梯　形　图	语　句　表	功　能　描　述
─(NEXT)	NEXT	·NEXT 指令标记 FOR 循环程序段的结束

说明：

循环结构用于描述一段程序的重复执行。FOR 和 NEXT 必须成对使用，在 FOR 和 NEXT 之间构成循环体。

FOR 指令主要参数有：EN 为使能输入端，INDX 为当前值计数器，INIT 为循环次数初始值，FINAL 为循环计数终止值。

工作原理：使能输入 EN 有效，循环体开始执行，执行到 NEXT 指令时返回，每执行一次循环体，当前值计数器 INDX 增 1，达到终值 FINAL 时，循环结束。

例如 FINAL 为 10，使能输入有效时，执行循环体，同时 INDX 从 1 开始计数，每执行一次循环体，INDX 当前值加 1，执行到 10 次时，当前值也计到 10，循环结束。

使能输入无效时，循环体程序不执行。每次使能输入有效，指令自动将各参数复位。FOR/NEXT 指令必须成对使用，循环可以嵌套，最多为 8 层。

【例 3-45】 FOR-NEXT 循环指令应用举例。

程序如图 3-64 所示。

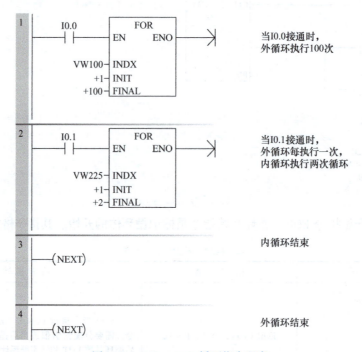

图 3-64 FOR-NEXT 循环指令程序

三、子程序指令

S7-200 SMART PLC 的控制程序由主程序、子程序和中断程序组成。STEP 7-MicroWIN SMART 程序编辑窗口里为每个 POU（程序组成单元）提供一个独立的页。主程序（MAIN）总是第 1 页，后面是子程序和中断程序。

在程序设计时，经常需要多次反复执行同一段程序，为了简化程序结构、减少程序编写工作量，在程序结构设计时常将需要反复执行的程序编写为一个子程序，以便反复调用。子程序的调用是有条件的，未调用它时不会执行子程序中的指令，因此使用子程序可以减少扫描时间。

在编写复杂的 PLC 程序时,最好把全部控制功能划分为几个符合工艺控制规律的子功能块,每个子功能块由一个或多个子程序组成。子程序使程序结构简单清晰,易于调试、查错和维护。在子程序中尽量使用局部变量,避免使用全局变量,这样可以很方便地将子程序移植到其他项目中。

1. 建立子程序

系统默认 SBR_0 为子程序,可以通过以下三种方法建立子程序。

1)从"编辑"菜单,选择"对象"→"子程序"。

2)从"指令树",用鼠标右击"程序块"图标,从弹出菜单选择"插入"→"子程序"。

3)从"程序编辑器"窗口,用鼠标右击,从弹出快捷菜单选择"插入"→"子程序"。

新建子程序后,在指令树窗口可以看到新建的子程序图标,默认的子程序名是 SBR_N,编号从 0 开始按递增顺序生成,系统自带一个子程序 SBR_0。一个项目最多可以有 128 个子程序。

单击 POU(程序组成单元)中相应的图标就可以进入相应的程序单元,在此单击图标 SBR_0 即可进入子程序编辑窗口。用鼠标双击主程序图标 MAIN 可切换回主程序编辑窗口。

若子程序需要接收(传入)调用程序传递的参数,或者需要输出(传出)参数给调用程序,则在子程序中可以设置参变量。子程序参变量应在子程序编辑窗口的子程序局部变量表中定义。

2. 子程序调用和返回指令

在子程序建立后,可以通过子程序调用指令反复调用子程序。子程序的调用可以带参数,也可以不带参数。它在梯形图中以指令盒的形式编程。

子程序调用指令为 CALL。当使能输入端 EN 有效时,将程序执行转移至编号为 SBR_0 的子程序。子程序调用及返回指令的梯形图和语句表见表 3-39。

表 3-39 子程序调用及返回指令的梯形图和语句表

梯 形 图	语 句 表	指 令 名 称
SBR_0 EN	CALL　SBR_N：SBRN	子程序调用指令
―(RET)	CRET	子程序返回指令

3. 子程序调用

可以在主程序、其他子程序或中断程序中调用子程序。调用子程序时将执行子程序中的指令,直至子程序结束,然后返回调用它的程序中该子程序调用指令的下一条指令处。

4. 子程序返回

子程序返回指令分两种:无条件返回指令 RET 和有条件返回指令 CRET。子程序在执行完时必须返回到调用程序。如无条件返回则编程人员无须在子程序最后插入任何返回指令,由 STEP 7-MicroWIN SMART 软件自动在子程序结尾处插入返回指令 RET;若为有条件返回则必须在子程序的最后插入 CRET 指令。

5. 子程序嵌套

如果在子程序的内部又对另一个子程序执行调用指令，这种调用称为子程序的嵌套。子程序最多可以嵌套8级。

当一个子程序被调用时，系统自动保存当前的堆栈数据，并把栈顶置为"1"，堆栈中的其他位置为"0"，子程序占有控制权。子程序执行结束，通过返回指令自动恢复原来的逻辑堆栈值，调用程序又重新取得控制权。

注意： 1）当子程序在一个周期内被多次调用时，不能使用上升沿、下降沿、定时器和计数器指令；

2）在中断服务程序调用的子程序中不能再出现子程序嵌套调用。

3）因为累加器可在调用程序和被调子程序之间自由传递数据，所以累加器的值在子程序开始时不需要另外保存，在子程序调用结束时也不用恢复。

6. 带参数的子程序调用

子程序中可以有参变量，带参数的子程序调用扩大了子程序的使用范围，增加了调用的灵活性。子程序的调用过程如果存在数据的传递，则在调用指令中应包含相应的参数。

（1）子程序参数　子程序最多可以传递16个参数，参数应在子程序的局部变量表中加以定义。参数包含下列信息：变量名（符号）、变量类型和数据类型。

1）变量名。由不超过8个字符的字母和数字组成，但第一个字符必须是字母。

2）变量类型。变量类型是按变量对应数据的传递方向来划分的，可以是传入子程序参数（IN）、传入/传出子程序参数（IN/OUT）、传出子程序参数（OUT）和暂时变量（TEMP）4种类型。4种变量类型的参数在局部变量表中的位置必须遵循以下先后顺序。

① IN 类型（传入子程序参数）。IN 类型表示传入子程序参数，参数的寻址方式可以是：

a）直接寻址（如 VB20），将指定位置的数据直接传入子程序；

b）间接寻址（如 *AC1），将由指针决定的地址中的数据传入子程序；

c）立即数寻址（如 16#2345），将立即数传入子程序；

d）地址编号寻址（如 &VB10），将数据的地址值传入子程序。

② IN/OUT 类型（传入/传出子程序参数）。IN/OUT 类型表示传入/传出子程序参数，调用子程序时，将指定地址的参数值传入子程序，执行结束返回时，将得到的结果值返回到同一个地址。参数的寻址方式可以是直接寻址和间接寻址。但立即数（如 16#1234）和地址值（如 &VB100）不能作为参数。

③ OUT 类型（传出子程序参数）。OUT 类型表示传出子程序参数，它将从子程序返回的结果值传送到指定的参数位置。参数的寻址方式可以是直接寻址和间接寻址，不能是立即数或地址编号。

④ TEMP 类型（暂时变量参数）。TEMP 类型的变量，用于在子程序内部暂时存储数据，不能用来与主程序传递参数数据。

3）数据类型。局部变量表中还要对数据类型进行声明。数据类型可以是能流型、布尔型、字节型、字型、双字型、整数型、双整数型和实数型。

a）能流型：该数据类型仅对位输入操作有效，它是位逻辑运算的结果。对能流输入类型的数据，要安排在局部变量表的最前面。

b) 布尔型：该数据类型用于单独的位输入和位输出。

c) 字节型、字型、双字型：该数据类型分别用于说明1字节、2字节和4字节的无符号的输入参数或输出参数。

d) 整数型和双整数型：该数据类型分别用于说明2字节和4字节的有符号的输入参数或输出参数。

e) 实数型：该数据类型用于说明IEEE标准的32位浮点输入参数或输出参数。

（2）参数子程序调用的规则　常数参数必须声明数据类型。如果缺少常数参数的这一描述，常数可能会被当作不同类型使用。

输入或输出参数没有自动数据类型转换功能。例如：局部变量表中声明一个参数为实型，而在调用时使用一个双字，则子程序中的值就是双字。

参数在调用时必须按照一定的顺序排列，显示输入参数，然后是输入/输出参数，最后是输出参数。

（3）局部变量与全局变量　I、Q、M、V、SM、AI、AQ、S、T、C、HC地址区中的变量称为全局变量。在符号表中定义的上述地址区中的符号称全局符号。程序中的每个POU，均有自己的由64B局部（Local）存储器组成的局部变量。局部变量用来定义有使用范围限制的变量，它们只能在被创建的POU中使用。与此相反，全局变量在符号表中定义，在各POU中均可使用。

（4）局部变量表的使用　单击"视图"菜单的"组件"按钮，在弹出的下拉菜单中选择"变量表"，变量表就出现在程序编辑器的下面。用鼠标右击上述菜单中的"变量表"，可以用出现的快捷菜单命令将变量表放在快速访问工具栏上。

局部变量表使用局部变量存储器，CPU在执行子程序时，自动分配给每个子程序64个局部变量存储器单元，在进行子程序参数调用时，将调用参数按照变量类型IN、IN/OUT、OUT和TEMP的顺序依次存入局部变量表中。

当给子程序传递数据时，这些参数被存放在子程序的局部变量存储器中，当调用子程序时，输入参数被复制到子程序的局部变量存储器中，当子程序执行完成时，从局部变量存储器复制输出参数到指定的输出参数地址。

按照子程序指令的调用顺序，将参数值分配到局部变量存储器，起始地址是L0.0。使用编程软件时，地址分配是自动的。

【例3-46】　控制要求：求任意角度值的正弦值。采用子程序调用的方式。其程序如图3-65所示，变量表如图3-66所示。

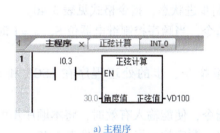

a) 主程序　　　　　　　　　　　　　　b) 子程序

图3-65　正弦值计算梯形图

变量表

	地址	符号	变量类型	数据类型
1		EN	IN	BOOL
2	LD0	角度值	IN	REAL
3			IN_OUT	
4	LD4	正弦值	OUT	REAL
5	LD8	弧度值	TEMP	REAL
6			TEMP	

图 3-66　正弦值计算变量表

四、顺序控制指令

梯形图的设计思想也和其他高级语言一样，即：首先用程序流程图来描述程序的设计思想；然后再用指令编写出符合程序设计思想的程序。梯形图常用的一种程序流程图叫功能流程图，使用功能流程图可以描述程序的顺序执行、循环、条件分支、程序的合并等功能流程概念。

在运用 PLC 进行顺序控制中常采用顺序控制指令，顺序控制指令可以将程序功能流程图转换成梯形图。

1. 功能流程图

功能流程图是按照顺序控制的思想，根据工艺过程将程序的执行分成各个程序步，每一步由进入条件、程序处理、转换条件和程序结束四部分组成。通常用顺序控制继电器的位 S0.0～S31.7 代表程序的状态步。图 3-67 为一个 3 步循环步进的功能流程图，图中的每个方框代表一个状态步，1、2、3 分别代表程序 3 步状态，程序执行到某步时，该步状态位置 1，其余为 0，步进条件又称为转换条件。状态步之间用有向连线连接，表示状态步转移的方向，有向连线上没有箭头标注时，方向为自上而下、自左而右。有向连线上的短线表示状态步的转换条件。

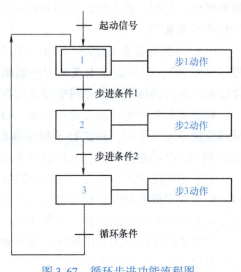

图 3-67　循环步进功能流程图

2. 顺序控制指令

顺序控制指令有 3 条，描述了程序的顺序控制步进状态，指令格式见表 3-40。

(1) 步开始指令（LSCR）　LSCR 为步开始指令，当顺序控制继电器位 $S_{X.Y}=1$ 时，该程序步执行。

(2) 步结束指令（SCRE）　SCRE 为步结束指令，步的处理程序在 LSCR 和 SCRE 之间。

(3) 步转移指令（SCRT）　SCRT 为步转移指令，使能输入有效时，将本顺序步的顺序控制继电器位清零，下一步顺序控制继电器位置 1。顺序控制指令格式见表 3-40。

第三章 S7-200 SMART PLC的指令

表 3-40 顺序控制指令格式

LAD	STL	功 能
??.?—[SCR]	LSCR n	·步开始指令：为步开始的标志，该步的状态元件位置1时，执行该步
—(SCRT) ??.?	SCRT n	·步转移指令：使能有效时，关断本步，进入下一步。该指令由转换条件启动，n为下一步的顺序控制状态元件
—(SCRE)	SCRE	·步结束指令：为步结束的标志

【例3-47】 使用顺序控制结构，编写出实现红、绿灯循环显示的程序（要求循环间隔时间为1s）。

根据控制要求，首先画出红绿灯顺序显示的功能流程图，如图3-68所示。起动条件为按钮I0.0，步进条件为时间，状态步的动作为点红灯、熄绿灯，同时起动定时器，步进条件满足时，关断本步，进入下一步。梯形图如图3-69所示。

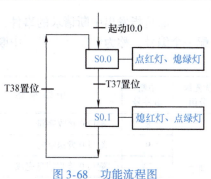

图 3-68 功能流程图

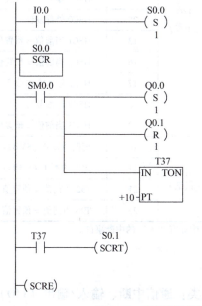
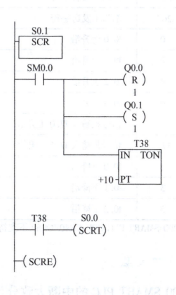

图 3-69 顺序控制结构实现红绿灯循环点亮

分析：当I0.0输入有效时，起动S0.0，执行程序的第一步，输出Q0.0置1（点亮红灯），Q0.1置0（熄灭绿灯），同时起动定时器T37，经过1s，步进转移指令使得S0.1置1，

S0.0 置 0，程序进入第二步，输出点 Q0.1 置 1（点亮绿灯），输出点 Q0.0 置 0（熄灭红灯），同时起动定时器 T38，经过 1s，步进转移指令使得 S0.0 置 1，S0.1 置 0，程序进入第一步执行。如此周而复始，循环工作。

第十节 中断指令

S7-200 SMART PLC 设置了中断功能，用于实时控制、高速处理、通信和网络等复杂和特殊的控制任务。中断就是终止当前正在运行的程序，去执行为立即响应的信号而编制的中断服务程序，执行完毕再返回原先终止的程序并继续执行。

一、中断源

中断源是指发出中断请求的事件，又叫中断事件。为了便于识别，系统给每个中断源都分配一个编号，称为中断事件号。中断事件描述见表 3-41。

表 3-41 中断事件描述

优先级分组	中断事件号	中断描述	优先级分组	中断事件号	中断描述
通信（最高）	8	端口 0 接收字符	I/O（中等）	7	I0.3 下降沿
	9	端口 0 发送字符		36*	信号板输入 I7.0 下降沿
	23	端口 0 接收信息完成		38*	信号板输入 I7.1 下降沿
	24*	端口 1 接收信息完成		12	HSC0 当前值 = 预置值
	25*	端口 1 接收字符		27	HSC0 输入方向改变
	26*	端口 1 发送字符		28	HSC0 外部复位
I/O（中等）	0	I0.0 上升沿		13	HSC1 当前值 = 预置值
	2	I0.1 上升沿		16	HSC2 当前值 = 预置值
	4	I0.2 上升沿		17	HSC2 输入方向改变
	6	I0.3 上升沿		18	HSC2 外部复位
	35*	信号板输入 I7.0 上升沿		32	HSC3 当前值 = 预置值
	37*	信号板输入 I7.1 上升沿	时基（最低）	10	定时中断 0（SMB34）
	1	I0.0 下降沿		11	定时中断 1（SMB35）
	3	I0.1 下降沿		21	T32 当前值 = 预置值
	5	I0.2 下降沿		22	T96 当前值 = 预置值

注：S7-200 SMART PLC CPU CR40/CR60 不支持表 3-41 中标有"*"的中断事件。

二、中断类型

S7-200 SMART PLC 的中断大致分为 3 大类：通信中断、输入/输出（I/O）中断和时基中断。

1. 通信中断

CPU 的串行通信端口可通过程序进行控制。通信端口的这种操作模式称为自由端口模式。在自由端口模式下,程序定义波特率、每个字符的位数、奇偶校验和通信协议等参数。用户通过编程控制通信端口的事件为通信中断。

2. I/O 中断

I/O 中断包括上升/下降沿中断和高速计数器中断。S7-200 SMART PLC CPU 可以为输入通道 I0.0、I0.1、I0.2 和 I0.3(以及带有可选数字量输入信号板的标准 CPU 的输入通道 I7.0 和 I7.1)生成输入上升/下降沿中断,可捕捉这些输入点中的每一个上升沿和下降沿事件。这些上升沿和下降沿事件可用于指示在事件发生时必须立即处理的情况。

高速计数器中断可以对下列情况做出响应:当前值达到预设值,计数方向发生改变或计数器外部复位。这些高速计数器事件均可触发实时执行的操作,以响应在可编程序控制器扫描速度下无法控制的高速事件。

3. 时基中断

时基中断包括定时中断和定时器中断。定时中断用于支持一个周期性的活动。周期时间为 1~255ms,时基是 1ms。使用定时中断 0,必须在 SMB34 中写入周期时间;使用定时中断 1,必须在 SMB35 中写入周期时间。

定时器中断指允许对指定时间间隔产生中断。这类中断只能用时基为 1ms 的定时器 T32/T96 构成。当中断被启用后,当前值等于预置值时,在 S7-200 SMART PLC 定时器更新的过程中执行中断程序。

三、中断优先级

优先级是指多个中断事件同时发出中断请求时,CPU 对中断事件响应的优先次序。S7-200 SMART PLC 规定的中断优先由高到低依次是:通信中断、I/O 中断和时基中断。每类中断中不同的中断事件又有不同的优先权。优先级见表 3-41。

一个程序中总共可有 128 个中断。S7-200 SMART PLC 在任何时刻,只能执行一个中断程序;在中断各自的优先级组内按照先来先服务的原则为中断提供服务,一旦一个中断程序开始执行,则一直执行至完成,不能被另一个中断程序打断,即使是更高优先级的中断程序;中断程序执行中,新的中断请求按优先级排队等候,中断队列能保存的中断个数有限,若超出,则会产生溢出。

四、中断指令

中断指令包括中断允许指令 ENI、中断禁止指令 DISI、中断连接指令 ATCH、中断分离指令 DTCH、清除中断事件指令 CLR_EVNT 和中断返回指令 RETI。指令格式见表 3-42。

表 3-42 中断指令格式

梯形图	语句表	描述	梯形图	语句表	描述
—(ENI)	ENI	中断允许	ATCH EN ENO ????—INT ????—EVNT	ATCH INT, EVNT	中断连接

(续)

梯形图	语句表	描述	梯形图	语句表	描述
—(DISI)	DISI	中断禁止	DTCH EN ENO ????–EVNT	DTCH INT, EVNT	中断分离
—(RETI)	RETI	中断无条件返回	CLR_EVNT EN ENO ????–EVNT	CLR EVNT	清除中断事件

1. 中断允许指令

中断允许指令 ENI 又称为开中断指令，其功能是全局性地开放所有被连接的中断事件，允许 CPU 接收所有中断事件的中断请求。

2. 中断禁止指令

中断禁止指令 DISI 又称为关中断指令，其功能是全局性地关闭所有被连接的中断事件，禁止 CPU 接收所有中断事件的请求。

3. 中断返回指令

中断返回指令 RETI/CRETI 的功能是当中断结束时，通过中断返回指令退出中断服务程序，返回到主程序。RETI 是无条件返回指令，即在中断程序的最后无须插入此指令，编程软件自动在程序结尾加上 RETI 指令；CRETI 是有条件返回指令，即中断程序的最后必须插入该指令。

4. 中断连接指令

中断连接指令 ATCH 的功能是建立一个中断事件 EVNT 与一个标号为 INT 的中断服务程序的联系，并对该中断事件开放。

5. 中断分离指令

中断分离指令 DTCH 的功能是取消某个中断事件 EVNT 与所对应中断程序的关联，并对该中断事件关闭。

6. 清除中断事件指令

清除中断事件指令的功能是从中断队列中清除所有类型 EVNT 的中断事件。如果该指令用来清除假的中断事件，则应在从队列中清除事件之前分离事件。否则，在执行清除事件指令后，将向队列中添加新的事件。

注意： 中断程序不能嵌套即中断程序不能再被中断。中断程序正在执行时，如果又有事件发生，将会按照发生的时间、顺序和优先级排队。

一个中断事件只能连接一个中断程序，但多个中断事件可以调用一个中断程序。

五、中断程序

中断程序是为处理中断事件而事先编好的程序。中断程序不是由程序调用,而是在中断事件发生时由操作系统调用。在中断程序中不能改写其他程序使用的存储器,最好使用局部变量。

在中断程序中禁止使用 DISI、ENI、HDEF、LSCR、END 指令。

【例 3-48】 I/O 中断举例:在 I0.0 的上升沿通过中断使 Q0.0 立即置位,在 I0.1 的下降沿通过中断使 Q0.0 立即复位。

根据要求编写的主程序及中断程序如图 3-70 所示。

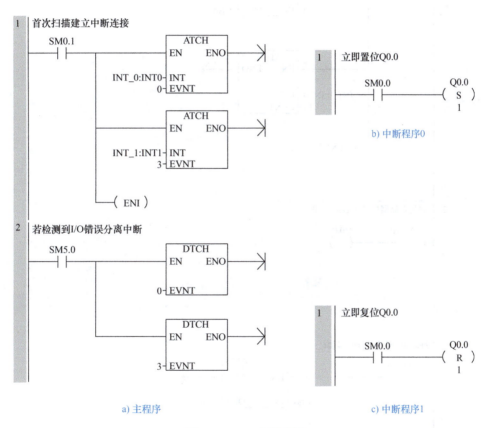

图 3-70 I/O 中断示例

【例 3-49】 时基中断举例。用定时中断 0 实现周期为 2s 的定时,使接在 Q0.0 上的指示灯闪烁。

根据要求编写的主程序及中断程序如图 3-71 所示。

【例 3-50】 定时器中断举例。控制要求:用 SB1 和 SB2 控制 8 个灯 L0~L7,采用定时器中断的方式实现 L0~L7 输出的依次移位(间隔时间为 1s)。按下起动按钮 SB1,移位从 L0 开始;按下停止按钮 SB2,移位停止并清 0。

彩灯循环点亮控制程序如图 3-72 所示。

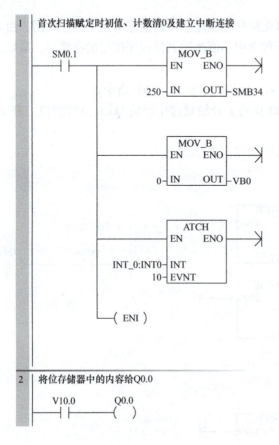

a) 主程序

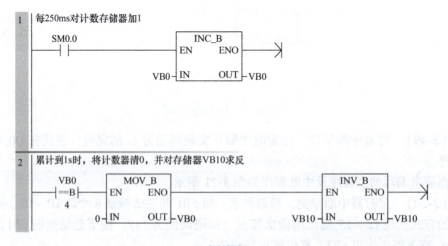

b) 中断程序0

图 3-71　时基中断示例

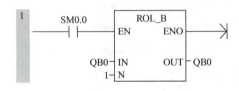

a) 彩灯循环点亮主程序

b) 彩灯循环点亮控制中断程序

图 3-72 彩灯循环点亮控制程序

第十一节 高速计数器

前面讲的计数器指令的计数速度受扫描周期的影响，对比 CPU 扫描频率高的脉冲输入，就不能满足控制要求了。高速计数器 HSC 用来累计比 PLC 扫描频率高得多的脉冲输入，利用产生的中断事件完成预定的操作。

工业控制中有很多场合输入的是一些高速脉冲，如编码器信号，这时 PLC 可以使用高速计数器对这些特定的脉冲进行加/减计数，来最终获取所需要的工艺数据（如转速、角度、位移等）。PLC 的普通计数器的计数过程与扫描工作方式有关，CPU 通过每一扫描周期读取一次被测信号的方法来捕捉被测信号的上升沿。当被测信号的频率较高时，将会丢失计数脉冲，因此普通计数器的工作频率很低，一般仅有几十赫。高速计数器可以对普通计数器无法计数的高速脉冲进行计数。

一、高速计数器简介

高速计数器（High Speed Counter，HSC）在现代自动控制中的精确控制领域有很高的应用价值，它用来累计比 PLC 扫描频率高得多的脉冲输入，利用产生的中断事件来完成预定的操作。

1. 组态数字量输入的滤波时间

使用高速计数器计数高频信号，必须确保对其输入进行正确接线和滤波。在 S7-200 SMART PLC CPU 中，所有高速计数器输入均连接至内部输入滤波电路。S7-200 SMART PLC 的默认输入滤波设置为 6.4ms，这样便将最大计数速率限定为 78Hz。如需以更高频率计数，必须更改滤波器设置。

首先打开系统块，选中系统块上面的 CPU 模块、有数字量输入的模块或信号板，单击图 3-73 左边窗口某个数字量输入字节，可以在右边窗口设置该字节输入点的属性。

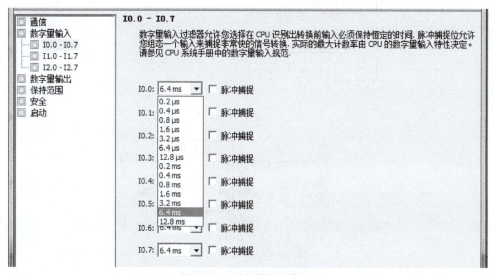

图 3-73 组态数字量输入

输入滤波时间用来滤除输入线上的干扰噪声，例如触点闭合或断开时产生的抖动。输入状态改变时，输入必须在设置的时间内保持新的状态，才能被认为有效。可以选择的时间值如图 3-73 中的下拉列表，默认的滤波时间为 6.4ms。为了消除触点抖动的影响，应选 12.8ms。

为了防止高速计数器的高速输入脉冲被滤掉，应按脉冲的频率和高速计数器指令的在线帮助（高速输入降噪）中表格设置输入滤波时间（检测到最大脉冲频率 200kHz 时，输入滤波时间可设置为 0.2~1.6μs）。

图 3-73 中脉冲捕捉功能是用来捕捉持续时间很短的高电平脉冲或低电平脉冲。因为在每一个扫描周期开始时读取数字量输入，CPU 可能发现不了宽度小于一个扫描周期的脉冲。某个输入点启用了脉冲捕捉功能后（多选框打钩），输入状态的变化被锁存并保存到下一次输入更新。可以用图 3-73 中的"脉冲捕捉"多选框逐点设置 CPU 的前 14 个数字量输入点和信号板 SB DT04 的数字量输入点是否有脉冲捕捉功能。默认的设置是禁止所有的输入点捕捉脉冲。

2. 数量及编号

高速计数器在程序中使用时，地址编号用 HSCn（或 HCn）来表示，HSC 表示为高速计数器，n 为编号。

HSCn 除了表示高速计数器的编号之外，还代表两方面的含义，即高速计数器位和高速计数器当前值。编程时，从所用的指令中可以看出是位还是当前值。

S7-200 SMART PLC 提供 4 个高速计数器（HSC0~HSC3）。西门子 S 型号 PLC 的 CPU 最高计数频率为 200kHz，西门子 C 型号 PLC 的 CPU 最高计数频率为 100kHz。

3. 中断事件号

高速计数器的计数和动作可采用中断方式进行控制，与 CPU 的扫描周期关系不大，各种型号的 PLC 可用的计数器的中断事件大致分为 3 类：当前值等于预置值中断、输入方向改变中断和外部信号复位中断。所有高速计数器都支持当前值等于预置值中断，每种中断都有其相应的中断事件号。

4. 高速计数器输入端子的连接

各高速计数器对应的输入端子见表 3-43。

表 3-43　各高速计数器对应的输入端子

高速计数器	使用的输入端子	高速计数器	使用的输入端子
HSC0	I0.0、I0.1、I0.4	HSC2	I0.2、I0.3、I0.5
HSC1	I0.1	HSC3	I0.3

在表 3-43 中用到的输入点，如果不使用高速计数器，可以作为一般的数字量输入点，或者作为输入/输出中断的输入点。只有在使用高速计数器时，才分配给相应的高速计数器，实现高速计数器产生的中断。在 PLC 实际应用中，每个输入点的作用是唯一的，不能对某一个输入点分配多个用途。因此要合理分配每一个输入点的用途。

二、高速计数器的工作模式

1. 高速计数器的计数方式

1）内部方向控制功能的单相时钟计数器，即只有一个脉冲输入端，通过高速计数器的控制字节的第 3 位来控制其做加/减计数。该位为 1 时，加计数；该位为 0 时，减计数。该计数方式可调用当前值等于预置值中断，即当高速计数器的当前计数值与预置值相等时，调用中断程序。

2）外部方向控制功能的单相时钟计数器，即只有一个脉冲输入端，有一个方向控制端，方向输入信号等于 1 时，加计数；方向输入信号等于 0 时，减计数。该计数方式可调用当前值等于预置值中断和外部输入方向改变的中断。

3）加、减时钟输入的双相时钟计数器，即有两个脉冲输入端，一个是加计数脉冲，一个是减计数脉冲，计数值为两个输入端脉冲的代数和。该计数方式可调用当前值等于预置值中断和外部输入方向改变的中断。

4）A/B 相正交计数器，即有两个脉冲输入端，输入的两路脉冲 A、B 相，相位差 90°（正交）。A 相超前 B 相 90°时，加计数；A 相滞后 B 相 90°时，减计数。在这种计数方式下，可选择 1×模式（单倍频，一个时钟脉冲计一个数）和 4×模式（4 倍频，一个时钟脉冲计 4 个数）。

2. 高速计数器的工作模式

S7-200 SMART PLC 的高速计数器有 8 种工作模式：具有内部方向控制功能的单相时钟计数器（模式 0、1）；具有外部方向控制功能的单相时钟计数器（模式 3、4）；具有加、减时钟脉冲输入的双相时钟计数器（模式 6、7）；A/B 相正交计数器（模式 9、10）。

根据有无外部复位输入，上述4类工作模式又可以分别分为两种。每种计数器所拥有的工作模式和其占有的输入端子的数目有关，见表3-44。

表3-44 高速计数器的工作模式和输入端子的关系

		功能及说明	占用的输入端子及其功能		
HSC 编号及其对应的输入端子		HSC0	I0.0	I0.1	I0.2
		HSC1	I0.1	×	×
		HSC2	I0.2	I0.3	I0.4
		HSC3	I0.3	×	×
HSC 模式	0	单路脉冲输入的内部方向控制加/减计数。控制字 SM37.3 = 0，减计数；SM37.3 = 1，加计数	脉冲输入端	×	×
	1			×	复位端
	3	单路脉冲输入的外部方向控制加/减计数。方向控制端 = 0，减计数；方向控制端 = 1，加计数	脉冲输入端	方向控制端	×
	4				复位端
	6	两路脉冲输入的双相正交计数。加计数端有脉冲输入，加计数；减计数端有脉冲输入，减计数	加计数脉冲输入端	减计数脉冲输入端	×
	7				复位端
	9	两路脉冲输入的双相正交计数。A 相脉冲超前 B 相脉冲，加计数；A 相脉冲滞后 B 相脉冲，减计数	A 相脉冲输入端	B 相脉冲输入端	×
	10				复位端

选用某个高速计数器在某种工作方式下工作后，高速计数器所使用的输入端子不是任意选择的，必须按指定的输入点输入信号。

三、高速计数器的控制字节和状态字

1. 控制字节

定义了高速计数器的工作模式后，还要设置高速计数器的有关控制字节。每个高速计数器均有一个控制字，它决定了计数器的计数允许或禁用、方向控制或对所有其他模式的初始化计数方向、装入初始值和预置值等。高速计数器控制字节每个控制位的说明见表3-45。

表3-45 高速计数器的控制字节

HSC0	HSC1	HSC2	HSC3	说　明
SM37.0	不支持	SM57.0	不支持	复位有效电平控制：0 为高电平有效；1 为低电平有效
SM37.1	SM47.1	SM57.1	SM137.1	保留
SM37.2	不支持	SM57.2	不支持	正交计数器计数倍率选择：0 为 4× 计数倍率；1 为 1× 计数倍率
SM37.3	SM47.3	SM57.3	SM137.3	计数方向控制位：0 为减计数，1 为加计数
SM37.4	SM47.4	SM57.4	SM137.4	向 HSC 写入计数方向：0 为无更新；1 为更新计数方向
SM37.5	SM47.5	SM57.5	SM137.5	向 HSC 写入预置值：0 为无更新；1 为更新预置值

(续)

HSC0	HSC1	HSC2	HSC3	说　　明
SM37.6	SM47.6	SM57.6	SM137.6	向 HSC 写入新当前值： 0 为无更新；1 为更新当前值
SM37.7	SM47.7	SM57.7	SM137.7	HSC 指令执行允许控制： 0 为禁用 HSC；1 为启用 HSC

2. 状态字节

每个高速计数器都有一个状态字节，状态位表示当前计数方向以及当前值是否大于或等于预置值。每个高速计数器状态字节的状态位见表 3-46，状态字节的 0~4 位不用。监控高速计数器状态的目的是使外部事件产生中断，以完成重要的操作。

表 3-46　高速计数器状态字节的状态位

HSC0	HSC1	HSC2	HSC3	说　　明
SM36.5	SM46.5	SM56.5	SM136.5	当前计数方向状态位： 0 为减计数；1 为加计数
SM36.6	SM46.6	SM56.6	SM136.6	当前值等于预置值状态位： 0 为不相等；1 为相等
SM36.7	SM46.7	SM56.7	SM136.7	当前值大于预置值状态位： 0 为小于或等于；1 为大于

四、高速计数器指令及应用

1. 高速计数器指令

高速计数器指令有两条：高速计数器定义指令 HDEF 和高速计数器指令 HSC。高速计数器指令格式见表 3-47。

表 3-47　高速计数器指令格式

梯形图	????─HSC ????─MODE ─EN　　ENO─ (HDEF)	????─N ─EN　　ENO─ (HSC)
语句表	·HDEF　HSC, MODE	·HSC N
功能说明	·高速计数器定义指令 HDEF	·高速计数器指令 HSC
操作数	·HSC：高速计数器的编号，为常量（0~3） ·MODE：工作模式，为常量（0~10，2、5、8 除外）	·N：高速计数器的编号，为常量（0~3）
ENO=0 的出错条件	·SM4.3（运行时间）：003（输入点冲突），004（中断中的非法指令），00A（HSC 重复主义）	·SM4.3（运行时间）：0001（HSC 在 HDEF 之前），005（HSC/PLS 同时操作）

1) 高速计数器定义指令 HDEF。指令指定高速计数器 HSCn 的工作模式。工作模式的选择即选择了高速计数器的输入脉冲、计数方向、复位和起动功能。每个高速计数器只能用

一条高速计数器定义指令。

2）高速计数器指令 HSC。根据高速计数器控制位的状态和按照 HDEF 指令指定的工作模式，控制高速计数器。参数 n 指定高速计数器的编号。

2. 高速计数器指令的使用

每个高速计数器都有一个 32 位初始值（就是高速计数器的起始值）和一个 32 位预置值（就是高速计数器运行的目标值），当前值（就是当前计数器）和预置值均为带符号的整数值。要设置高速计数器的当前值和预置值，必须设置控制字节，见表3-45。令其第 5 位和第 6 位为 1，允许更新当前值和预置值，当前值和预置值写入特殊内部标志位存储区。然后执行 HSC 指令，将新数值传输到高速计数器。初始值、预置值和当前值的寄存器与计数器的对应关系见表3-48。

表3-48　初始值、预置值和当前值的寄存器与计数器的对应关系表

要装入的数值	HSC0	HSC1	HSC2	HSC3
初始值	SMD38	SMD48	SMD58	SMD138
预置值	SMD42	SMD52	SMD62	SMD142
当前值	HC0	HC1	HC2	HC3

除控制字节以及预置值和当前值外，还可以使用数据类型 HC（高速计数器当前值）加计数器编号（0、1、2 或 3）读取每个高速计数器的当前值。因此，读取操作可直接读取当前值，但只有用上述 HSC 指令才能执行写入操作。

执行 HDEF 指令前，必须将高速计数器控制字节的位设置成需要的状态，否则将采用默认设置。默认设置如下：复位输入高电平有效，正交计数速率选择 4× 模式。执行 HDEF 指令后，就不能再改变计数器的设置。

3. 高速计数器指令的初始化

1）用 SM0.1 对高速计数器指令进行初始化（或在启用时对其进行初始化）。

2）在初始化程序中根据希望的控制方法设置控制字节（SMB37、SMB47、SMB57、SMB137），如设置 SMB47 = 16#F8，则允许计数、允许写入当前值、允许写入预置值、更新计数方向为加计数，若将正交计数设为 4× 模式，则复位和起动设置为高电平有效。

3）执行 HDEF 指令，设置 HSC 的编号（0~3），设置工作模式（0~10）。如 HSC 的编号设置为 1，工作模式输入设置为 10，则为具有复位功能的正交计数工作模式。

4）把初始值写入 32 位当前值寄存器（SMD38、SMD48、SMD58、SMD138）。如写入 0，则清除当前值，用指令"MOVD 0，SMD48"实现。

5）把预置值写入 32 位当前值寄存器（SMD42、SMD52、SMD62、SMD142）。如执行指令 MOVD 1000，SMD52，则设置预置值为 1000。若写入预置值为 16#00，则高速计数器处于不工作状态。

6）为了捕捉当前值等于预置值的事件，将条件 CV = PV 中断事件（如事件 16）与一个中断程序相联系。

7）为了捕捉计数方向的改变，将方向改变的中断事件（如事件 17）与一个中断程序相联系。

8）为了捕捉外部复位，将外部复位中断事件（如事件18）与一个中断程序相联系。

9）执行全部中断允许指令（ENI）允许 HSC 中断。

10）执行 HSC 指令使 S7–200 SMART PLC 对高速计数器进行编程。

11）编写中断程序。

【例3-51】 用高速计数器 HSC0 计数，当计数值达到 500～1000 时报警，报警灯 Q0.0 亮。

从控制要求可以看出，报警有上限1000和下限500。因此当高速计数达到计数值时要两次执行中断程序。主程序如图 3-74 所示。中断程序 0 如图 3-75 所示，中断程序 1 如图 3-76 所示。

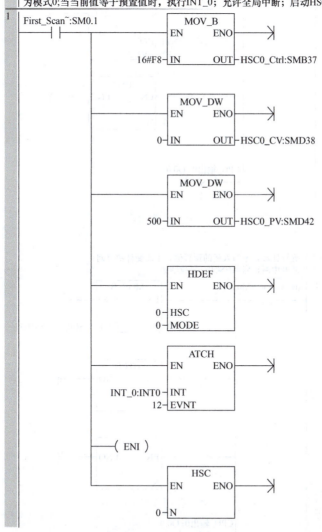

图 3-74　主程序

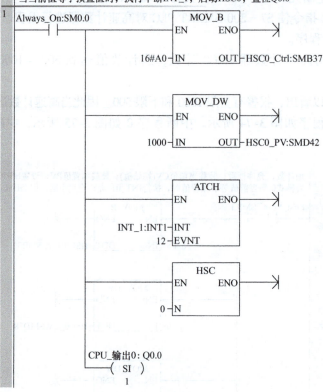

图 3-75　中断程序 0

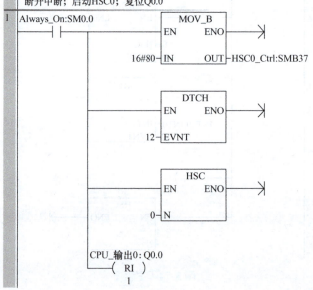

图 3-76　中断程序 1

第十二节　高速脉冲输出

高速脉冲输出功能可以在 PLC 的某些输出端产生高速脉冲，用来驱动负载实现精确控制，这在步进电动机控制中有广泛的应用。PLC 的数字量输出分继电器输出和晶体管输出，继电器输出一般用于开关频率不高于 0.5Hz（通 1s，断 1s）的场合，对于开关频率较高的应用场合则应选用晶体管输出。

一、高速脉冲的输出形式

S7-200 SMART PLC CPU 提供两种开环运动控制的方式：脉冲宽度调制和运动轴。脉冲宽度调制（Pulse Width Modulation，PWM）内置于 CPU 中，用于速度、位置或占空比的控制；运动轴，内置于 CPU 中，用于速度和位置的控制。

CPU 提供最多 3 个数字量输出（Q0.0、Q0.1 和 Q0.3），这 3 个数字量输出可以通过 PWM 向导组态为 PWM 输出，或者通过运动向导组态为运动控制输出。当作为 PWM 操作组态输出时，输出的周期固定不变，脉宽或脉冲占空比可通过程序进行控制。脉宽的变化可在应用中控制速度或位置。

运动轴提供了带有集成方向控制和禁用输出的单脉冲串输出。运动轴还包括可编程序输入，允许将 CPU 组态为包括自动参考点搜索在内的多种操作模式。运动轴为步进电动机或伺服电动机的速度和位置开环控制提供了统一的解决方案。

二、高速脉冲的输出端子

S7-200 SMART PLC 经济型的 CPU 没有高速脉冲输出点，标准型的 CPU 有高速脉冲输出点，CPU ST20 有两个脉冲输出通道 Q0.0 和 Q0.1，CPU ST30/ST40T/ST60 有 3 个脉冲输出通道 Q0.0、Q0.1 和 Q0.3，支持的最高脉冲频率为 100kHz。PWM 脉冲发生器与过程映像寄存器共同使用 Q0.0、Q0.1 和 Q0.3。如果不需要使用高速脉冲输出，Q0.0、Q0.1 和 Q0.3 可以作为普通的数字量输出点使用；一旦需要使用高速脉冲输出功能，必须通过 Q0.0、Q0.1 和 Q0.3 输出高速脉冲，此时，如果对 Q0.0、Q0.1 和 Q0.3 执行输出刷新、强制输出、立即输出等指令时，均无效。建议在启用 PWM 操作之前，用 R 指令将对应的过程映像输出寄存器复位为 0。

三、脉冲输出指令

脉冲输出指令（PLS）配合特殊存储器用于配置高速输出功能。脉冲输出指令格式见表 3-49。

表 3-49　脉冲输出指令格式

梯 形 图	语 句 表	操 作 数
PLS EN　ENO ????—N	PLS　N	N：常量（0、1 或 2）

PWM 的周期范围为 10～65535μs 或者 2～65535ms，PWM 的脉冲宽度时间范围为 0～65535μs 或者 0～65535ms。

四、与 PLS 指令相关的特殊寄存器

如果要装入新的脉冲宽度（SMW70、SMW80 或 SMW570）和周期（SMW68、SMW78 或 SMW568），应该在执行 PLS 指令前装入这些值到控制寄存器，然后 PLS 指令会从特殊存储器 SM 中读取数据，并按照存储数值控制 PWM 发生器。这些特殊寄存器分为 3 大类：PWM 功能状态字、PWM 功能控制字和 PWM 功能寄存器。这些寄存器的含义见表 3-50、表 3-51 和表 3-52。

表 3-50 PWM 功能状态字

Q0.0	Q0.1	Q0.3	功能描述
SM67.0	SM77.0	SM567.0	PWM 更新周期值：0 为不更新，1 为更新
SM67.1	SM77.1	SM567.1	PWM 更新脉冲宽度值：0 为不更新，1 为更新
SM67.2	SM77.2	SM567.2	保留
SM67.3	SM77.3	SM567.3	PWM 时间基准选择：0 为 μs/刻度，1 为 ms/刻度
SM67.4	SM77.4	SM567.4	保留
SM67.5	SM77.5	SM567.5	保留
SM67.6	SM77.6	SM567.6	保留
SM67.7	SM77.7	SM567.7	PWM 允许输出：0 为禁止，1 为允许

表 3-51 PWM 功能控制字

Q0.0	Q0.1	Q0.3	功能描述
SMW68	SMW78	SMW568	PWM 周期值（范围：2～65535）
SMW70	SMW80	SMW570	PWM 脉冲宽度值（范围：0～65535）

表 3-52 PWM 功能寄存器

控制字节	启用	时基	脉冲宽度	周期时间
16#80	是	1μs/周期		
16#81	是	1μs/周期		更新
16#82	是	1μs/周期	更新	
16#83	是	1μs/周期	更新	更新
16#88	是	1μs/周期		
16#89	是	1μs/周期		更新
16#8A	是	1μs/周期	更新	
16#8B	是	1μs/周期	更新	更新

注意：受硬件输出电路响应速度的限制，对于 Q0.0、Q0.1 和 Q0.3 从断开到接通为 1.0μs，从接通到断开 3.0μs，因此最小脉宽不可能小于 4.0μs。最大的频率为 100kHz，此最小周期为 10.0μs。

五、高速脉冲应用举例

【例3-52】 用CPU ST40的Q0.0端输出一串脉冲,周期为100ms,脉冲宽度时间为50ms,要求有起停控制。

根据控制要求编程,程序如图3-77所示。

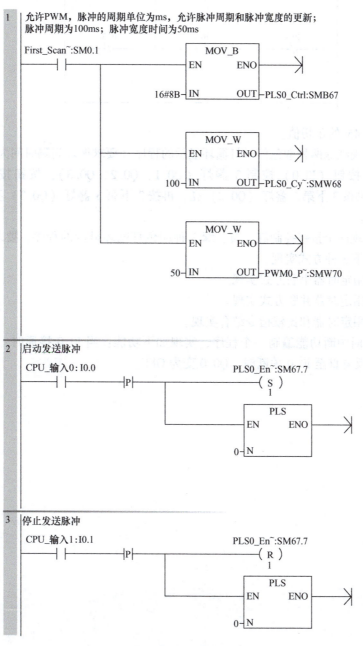

图3-77 控制程序

习题三

1. 写出下列梯形图的语句表。

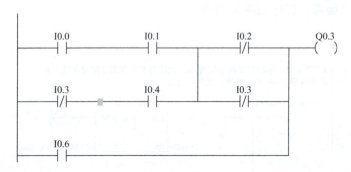

2. 编程求 45°的正切值。

3. 编写实现红绿两种颜色信号灯循环显示的程序（要求循环间隔时间为 0.5s）。

4. 用一个按钮（I0.0）控制 3 盏灯（Q0.1、Q0.2、Q0.3），按钮按 3 下第一盏灯（Q0.1）亮，再按 3 下第二盏灯（Q0.2）亮，再按 3 下第 3 盏灯（Q0.3）亮，再按一下全灭。依次反复。

5. 编写实现两个按钮控制红、黄、绿 3 种颜色灯循环显示的程序，要求循环间隔时间为 0.5s，用以下 3 种方式实现。

方法一：用定时器串联方式实现。

方法二：用定时器并联方式实现。

方法三：用定时器和比较指令结合实现。

6. 利用定时中断功能编制一个程序，实现如下功能：当 I0.0 接通时，Q0.0 亮 1s、灭 1s，如此循环反复直至 I0.0 关断时，Q0.0 变为 OFF。

第四章 S7-200 SMART PLC程序编写

第一节 PLC控制系统设计步骤和编程原则

一、PLC控制系统设计步骤

随着PLC功能的不断提高和完善，PLC几乎可以完成工业控制领域的所有任务。但PLC还是有它最适合的应用场合，所以在接到一个控制任务后，要分析被控对象的控制过程和要求，确定用什么控制装备（PLC、单片机、DCS或IPC）来完成该任务最合适。PLC最适合的控制对象是：工业环境较差，而对安全性、可靠性要求较高，系统工艺复杂的工业自控系统或装置。在很多情况下，PLC已可取代工业控制计算机作为主控制器，来完成复杂的工业自动控制任务。

控制装置选定为PLC后，在设计一个PLC控制系统时，一般都要按照以下设计步骤进行：

1）熟悉被控制对象，制定控制方案。
2）确定I/O点数。
3）选择PLC机型。
4）选择I/O设备，分配I/O地址。
5）设计和编辑程序。
6）进行系统调试。
7）编制技术文件。

二、PLC控制系统设计原则

设计一个PLC控制系统时，要全面考虑许多因素，一般要遵循以下原则进行系统设计：

1）最大限度地满足对电气控制的要求，这是PLC控制系统设计的前提条件。
2）控制系统要简单、经济、安全、可靠，操作和维护方便。
3）尽可能降低长期运行成本。
4）留有适当余量，以利于系统的调整和扩充。
5）程序结构简明，逻辑关系清晰，注释明了，动作可靠。
6）程序尽可能简单，占用内存和资源少，扫描周期尽可能短。
7）程序可读性强，调整、修改、增添和删减简单易行。

三、PLC 编程原则

学习 PLC 的硬件系统、指令系统和编程方法以后，就可以根据系统的控制要求编制程序了，下面介绍 PLC 编程的一些基本原则。

1) 输入/输出继电器、内部辅助继电器、定时器、计数器等器件的触点，可多次重复使用，无需用复杂的程序结构来减少触点的使用次数。

2) 在梯形图中，每一行都是从左边的母线开始，线圈接在最右边，触点不能放在线圈的右边，如图 4-1 所示。

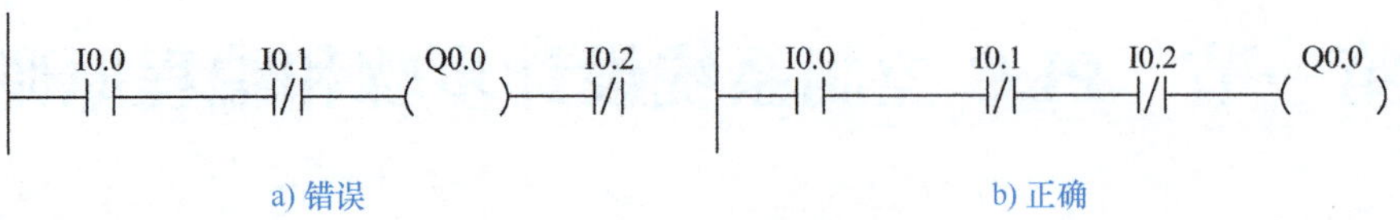

a) 错误　　　　　　　　　　　b) 正确

图 4-1　线圈接在最右边

3) 线圈不能直接与左边的母线相连。如果需要线圈不受任何逻辑关系控制而直接与母线相连，可以通过在母线与线圈之间加上一个特殊存储器 SM0.0 来实现，如图 4-2 所示。

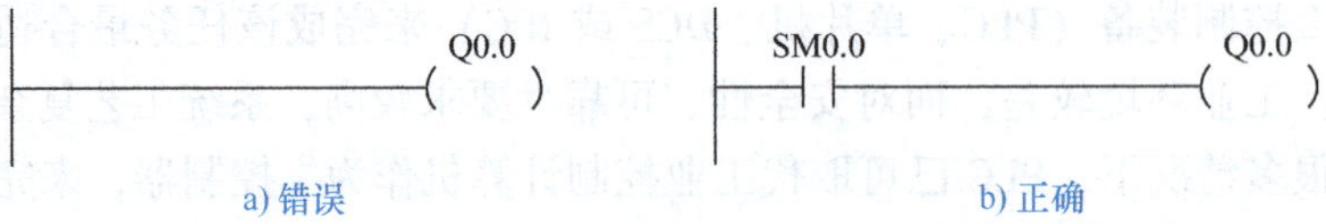

a) 错误　　　　　　　　　　　b) 正确

图 4-2　线圈不能直接与母线相连

4) 同一编号的继电器线圈在一个程序中不能重复使用，否则线圈的状态只受最后一个逻辑关系的控制，如图 4-3 所示。

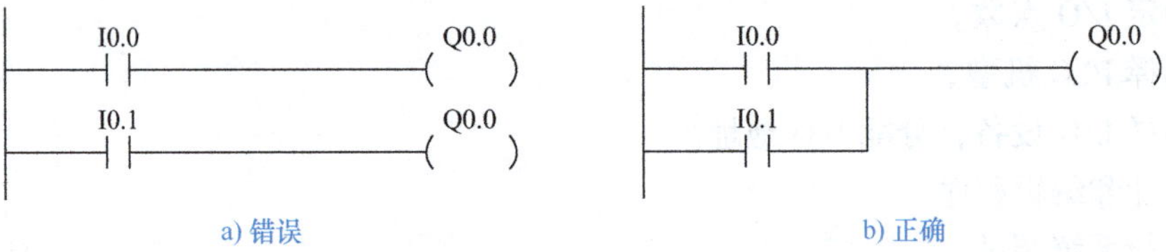

a) 错误　　　　　　　　　　　b) 正确

图 4-3　同一线圈在一个程序中不能重复使用

5) 在梯形图中串联和并联的触点使用次数没有限制，可无限次使用，如图 4-4 所示。

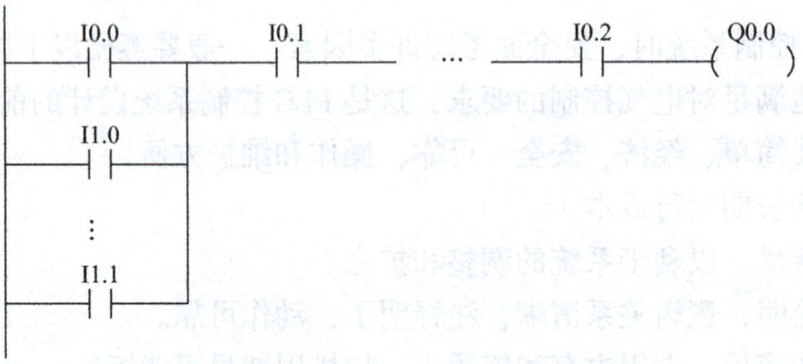

图 4-4　串、并联触点使用次数没有限制

6）将串联触点多的电路写在梯形图上方，如图 4-5 所示。

a) 安排不当　　　　b) 安排得当

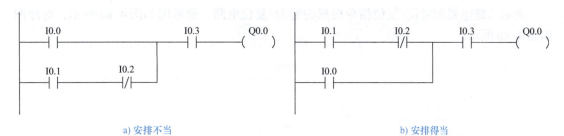

图 4-5　串联触点多的电路写在梯形图上方

7）将并联触点多的电路写在梯形图左边，如图 4-6 所示。

a) 安排不当　　　　b) 安排得当

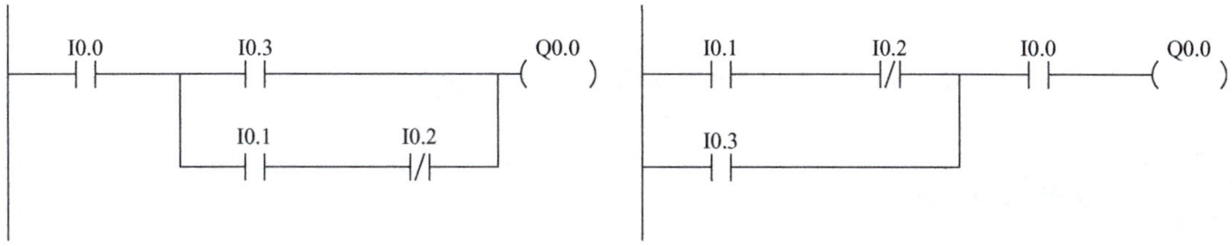

图 4-6　并联触点多的电路写在梯形图左边

第二节　基 本 电 路

一、起动和复位电路

在 PLC 的程序设计中，起动和复位电路是构成梯形图的最基本也是最常用的电路。

1. 输入和输出继电器构成的起动/复位电路（起保停电路）

由输入和输出继电器构成的起动/复位电路（起保停电路），梯形图如图 4-7a 所示，时序图如图 4-7b 所示。

a) 梯形图　　　　b) 时序图

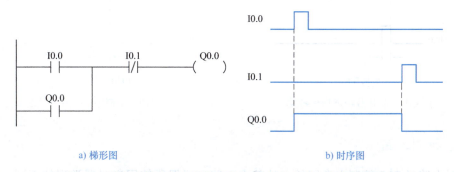

图 4-7　输入和输出继电器构成的起动/复位电路（起保停电路）

2. 由输入继电器和置位/复位指令构成的起动/复位电路

由输入继电器和置位/复位指令构成的起动/复位电路，梯形图如图 4-8a 所示，时序图如图 4-8b 所示。

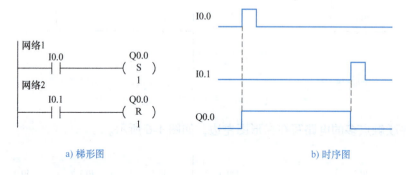

图 4-8　输入继电器和置位/复位指令构成的起动/复位电路

二、边沿触发电路

在 PLC 程序设计中，经常会用到单脉冲信号来实现只需执行一次的操作。比如将单脉冲信号作为计数器的输入，用作系统的起/停，以及其他一些需要前端电路必须是边沿触发的情况。

1. 上升沿触发指令

上升沿触发指令电路梯形图如图 4-9a 所示，时序图如图 4-9b 所示。T 为一个扫描周期。

2. 下降沿触发指令

下降沿触发指令电路梯形图如图 4-10a 所示，时序图如图 4-10b 所示。

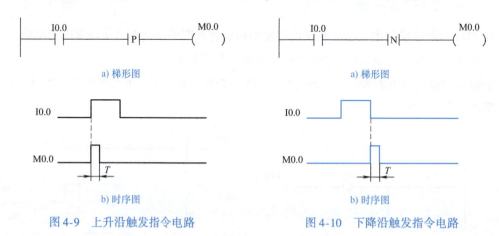

图 4-9　上升沿触发指令电路　　　　图 4-10　下降沿触发指令电路

三、延时电路

延时电路是 PLC 控制中常用的一种基本电路，根据所使用定时器类型的不同，延时电路又分为延时导通电路和延时关断电路。

1. 延时导通电路

接通延时定时器（TON）的工作原理已在第三章中做了阐述。在实际应用中，TON 前端电路导通的时长必须大于其定时的时长才有意义。延时导通电路如图 4-11 所示。

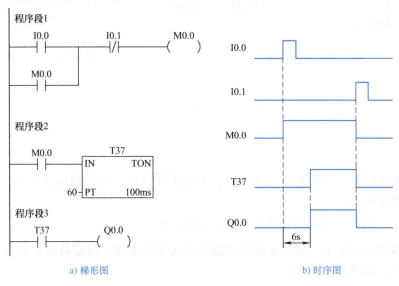

图 4-11　延时导通电路

2. 延时关断电路

延时关断电路既可以用接通延时定时器（TON）实现，如图 4-12 所示；也可以用关断延时定时器（TOF）实现，如图 4-13 所示。

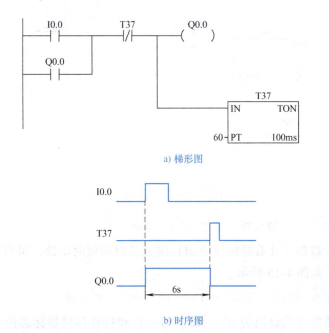

图 4-12　用 TON 实现的延时关断电路

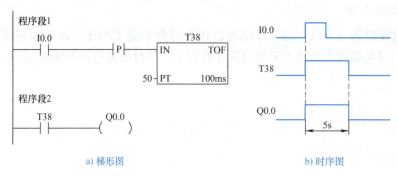

图 4-13 用 TOF 实现的延时关断电路

四、长时间延时电路

定时器的定时时长范围为 0~3276.7s，如果需要定时的时长超过这个值，就需要用长时间延时电路来解决。

1. 采用两个或以上定时器构成的长时间延时电路

用两个或以上（N 个）定时器可以组成长时间延时电路，将定时时长延长至 N 个定时器的时长之和，如图 4-14 所示。

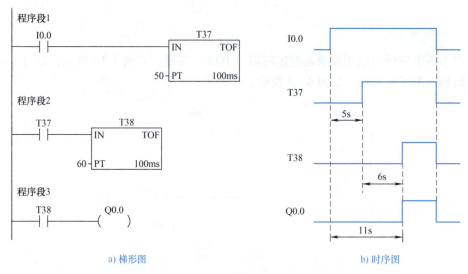

图 4-14 用两个定时器组成的长时间延时电路

2. 采用定时器和计数器构成的长时间延时电路

用定时器和计数器（计数器预设值 M）组成长时间延时电路，可将定时时长延长至 M 倍定时器的时长，如图 4-15 所示。

3. 采用计数器和特殊存储器标志位构成的长时间延时电路

用若干个计数器（预设值为 $N1$、$N2$、$N3$…）和特殊存储器标志位 SM0.5 构成长时间延时电路，可将定时时长延长至 $N1 \times N2 \times N3$…，单位为秒，如图 4-16 所示。

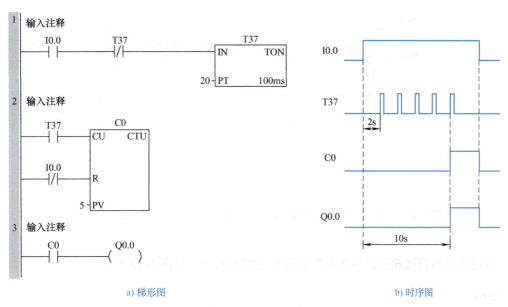

a) 梯形图　　　　　　　　　　　　　　b) 时序图

图 4-15　用定时器和计数器构成的长时间延时电路

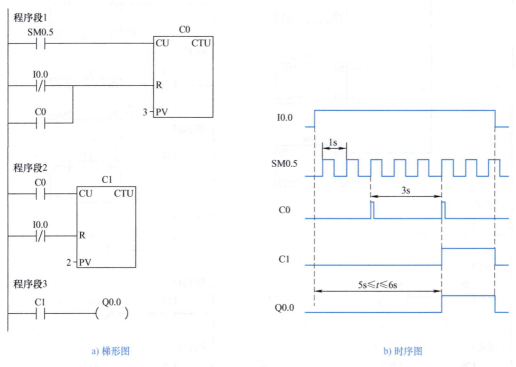

a) 梯形图　　　　　　　　　　　　　　b) 时序图

图 4-16　用计数器和特殊存储器标志位构成的长时间延时电路

五、顺序延时接通电路

顺序延时接通电路用以实现在起动之后，各个继电器按照设定的时间间隔先后接通，如图 4-17 所示。

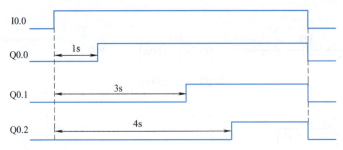

图 4-17 顺序延时接通时序图

1. 采用定时器并联的电路

采用定时器并联的顺序延时接通电路的梯形图，如图 4-18 所示。

2. 采用定时器首尾相接的电路

采用定时器首尾相连的顺序延时接通电路的梯形图，如图 4-19 所示。

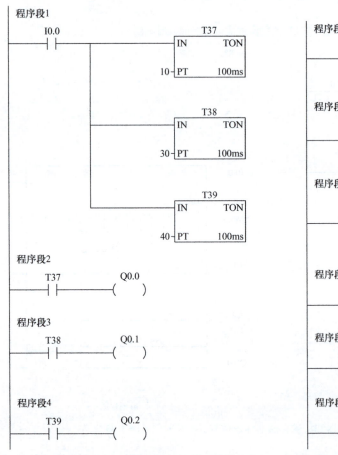

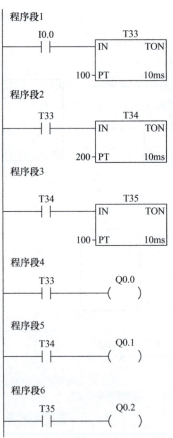

图 4-18 定时器并联的顺序延时接通电路　　图 4-19 定时器首尾相连的顺序延时接通电路

六、顺序循环执行电路

起动后，8 个继电器顺序循环得电，每相隔 1s，时序图如图 4-20 所示。

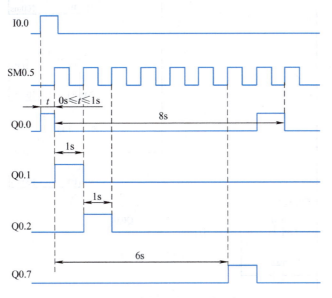

图 4-20　顺序循环执行电路时序图

1. 采用逻辑指令组成的顺序循环执行电路

采用逻辑指令组成的顺序循环执行电路如图 4-21 所示。

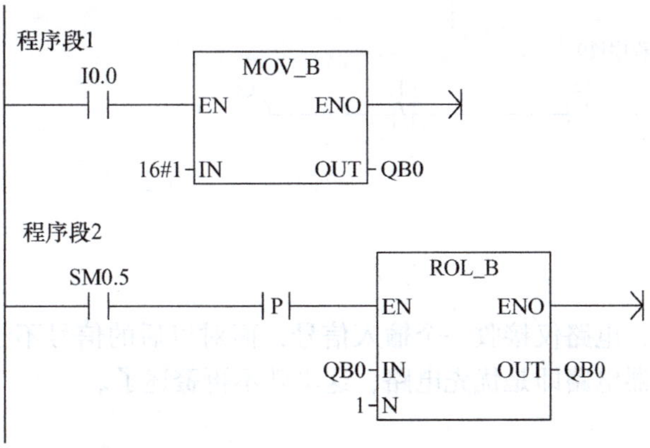

图 4-21　逻辑指令组成的顺序循环执行电路

2. 采用定时器组成的顺序循环执行电路

采用定时器组成的顺序循环执行电路如图 4-22 所示。

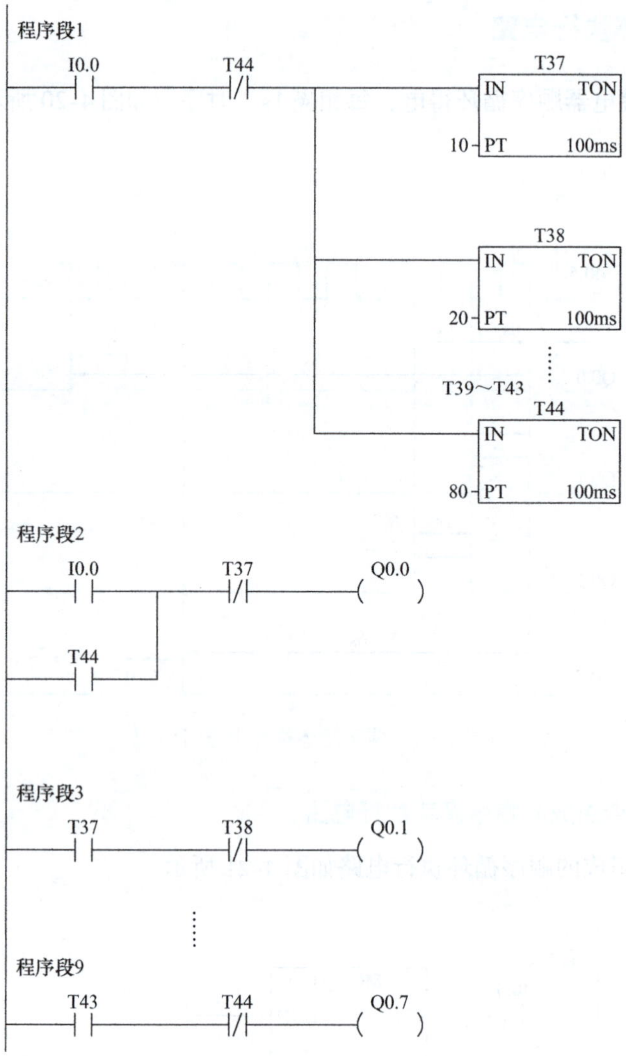

```
程序段1
   I0.0        T44                    T37
  ─┤├────────┤/├──────────────┤IN    TON├─
                                10─┤PT  100ms│

                                       T38
                              ┌──────┤IN    TON├─
                                20─┤PT  100ms│

                                     T39~T43
                                       T44
                              ┌──────┤IN    TON├─
                                80─┤PT  100ms│

程序段2
   I0.0        T37            Q0.0
  ─┤├────────┤/├───────────────( )─
   │
   T44
  ─┤├─

程序段3
   T37        T38             Q0.1
  ─┤├────────┤/├───────────────( )─

程序段9
   T43        T44             Q0.7
  ─┤├────────┤/├───────────────( )─
```

图 4-22 定时器组成的顺序循环执行电路

七、优先电路

当有多个输入时，电路仅接收一个输入信号，而对以后的信号不予接收，即输入优先。前面章节介绍的抢答器电路即是优先电路，这里就不再赘述了。

第三节　S7-200 SMART PLC 控制编程示例

PLC 程序有多种表达形式，其中梯形图和语句表是最常用的两种，分别对应梯形图符号和助记符指令（语句表）。在编程之前，需要先进行 I/O 分配，并根据 I/O 分配进行硬件连接。因此，要设计完成一个 PLC 控制系统，至少要分 3 步：I/O 分配、硬件连接、编程（梯形图和/或语句表指令）。

第四章 S7-200 SMART PLC程序编写

在本节中,将以一些实际例题为例,以编程为核心,按照 PLC 控制系统的完成步骤,来巩固相关知识,提高应用技能水平。

【例 4-1】 电动机正反转控制。

控制要求:当按下按钮 SB1 时,电动机正转,按下按钮 SB2 时,电动机反转,按下按钮 SB0 时,电动机停止转动。

1. I/O 分配

I/O 分配见表 4-1。

表 4-1 I/O 分配

输入			输出		
设备名称	符号	地址	设备名称	符号	地址
停止按钮	SB0	I0.0	电动机正转接触器	KM1	Q0.1
正转按钮	SB1	I0.1	电动机反转接触器	KM2	Q0.2
反转按钮	SB2	I0.2			

2. PLC 接线

电动机正反转控制的 PLC 接线如图 4-23 所示。

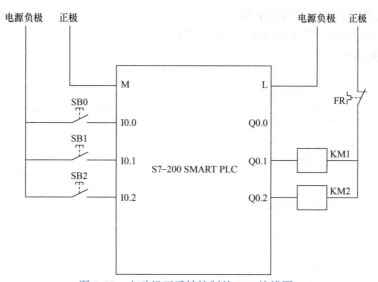

图 4-23 电动机正反转控制的 PLC 接线图

3. 梯形图

电动机正反转控制的 PLC 程序梯形图如图 4-24 所示。

4. 指令表

程序段 1
LD   I0.1
O   Q0.1
AN   Q0.2
AN   I0.0
=   Q0.1

程序段 2
LD   I0.2
O   Q0.2
AN   Q0.1
AN   I0.0
=   Q0.2

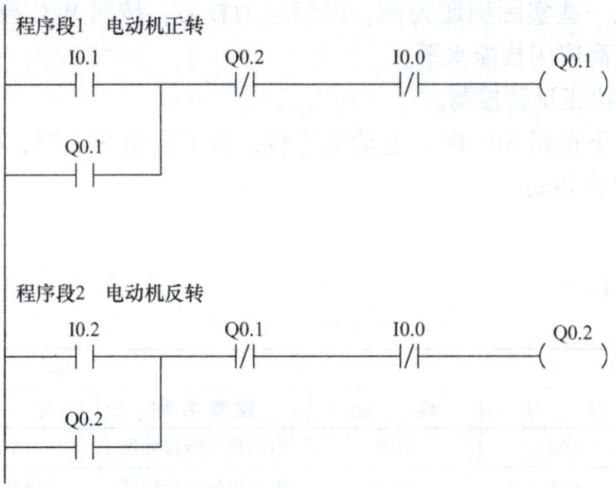

```
程序段1  电动机正转
   I0.1       Q0.2       I0.0          Q0.1
───┤├────┬───┤/├───────┤/├──────────( )───
         │
   Q0.1  │
───┤├────┘


程序段2  电动机反转
   I0.2       Q0.1       I0.0          Q0.2
───┤├────┬───┤/├───────┤/├──────────( )───
         │
   Q0.2  │
───┤├────┘
```

图 4-24　电动机正反转控制的梯形图

【例 4-2】 带延时的电动机正反转控制。

在实际应用中，按下停止按钮后必须延时一段时间，待电动机完全停下来之后，才可以再继续操作（按正转或反转按钮有效）。

1）I/O 分配和 PLC 接线同表 4-1 和图 4-23。

2）梯形图如图 4-25 所示。

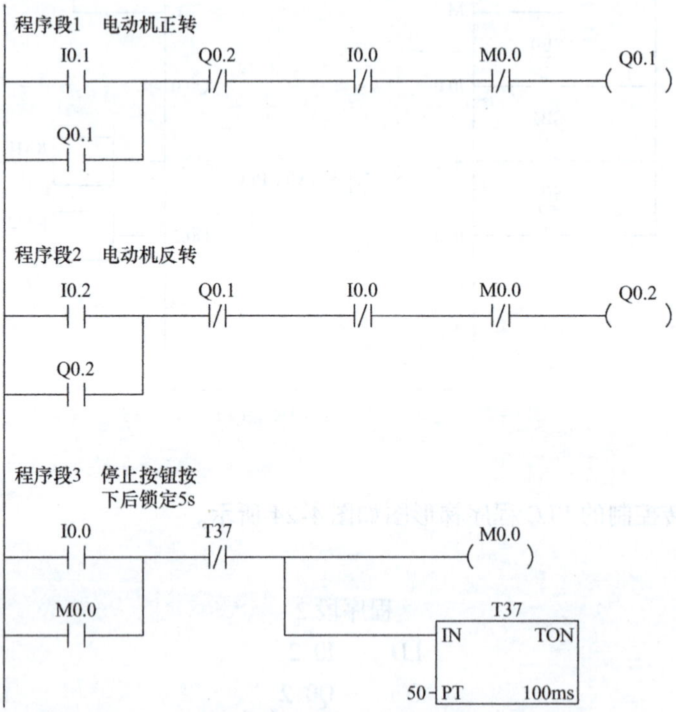

```
程序段1  电动机正转
   I0.1      Q0.2       I0.0       M0.0        Q0.1
───┤├───┬──┤/├───────┤/├────────┤/├─────────( )───
        │
   Q0.1 │
───┤├───┘


程序段2  电动机反转
   I0.2      Q0.1       I0.0       M0.0        Q0.2
───┤├───┬──┤/├───────┤/├────────┤/├─────────( )───
        │
   Q0.2 │
───┤├───┘


程序段3  停止按钮按
        下后锁定5s
   I0.0       T37                              M0.0
───┤├──────┤/├──────────────────────────────( )───
                                        ┌──────────┐
   M0.0                              T37 │          │
───┤├────┬──────────────────────────────┤IN    TON │
         │                               │          │
         │                          50 ──┤PT  100ms │
         │                               └──────────┘
```

图 4-25　带延时的电动机正反转控制的梯形图

3）指令表如下：

程序段 1	程序段 2	程序段 3
LD　I0.1	LD　I0.2	LD　I0.0
O　Q0.1	O　Q0.2	O　M0.0
AN　Q0.2	AN　Q0.1	AN　T37
AN　I0.0	AN　I0.0	＝　M0.0
AN　M0.0	AN　M0.0	TON　T37，50
＝　Q0.1	＝　Q0.2	

【例 4-3】 延时开灯电路。

控制要求：按下起动按钮，延时 5s 后，灯亮；按下停止按钮，灯立刻熄灭。

1. I/O 分配

I/O 分配见表 4-2。

表 4-2　I/O 分配

输　　入			输　　出		
设 备 名 称	符　号	地　址	设 备 名 称	符　号	地　址
起动按钮	SB0	I0.0	显示灯	HL	Q0.0
停止按钮	SB1	I0.1			

2. PLC 接线

延时开灯电路的 PLC 接线如图 4-26 所示。

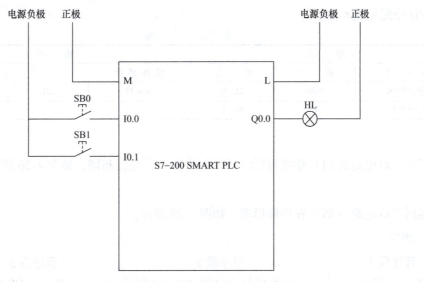

图 4-26　延时开/关灯电路的 PLC 接线图

3. 梯形图

延时开灯电路的 PLC 程序梯形图如图 4-27 所示。

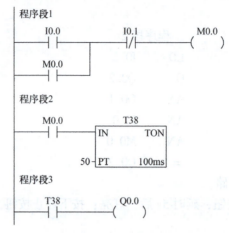

图 4-27 延时开灯电路的梯形图

4. 指令表

程序段 1	程序段 2	程序段 3
LD I0.0	LD M0.0	LD T38
O M0.0	TON T38, 50	= Q0.0
AN I0.1		
= M0.0		

【例 4-4】 延时关灯电路。

控制要求：按下起动按钮，灯立刻亮；按下停止按钮，延时 5s 后，灯熄灭。

1. I/O 分配

I/O 分配见表 4-3。

表 4-3 I/O 分配

输入			输出		
设备名称	符 号	地 址	设备名称	符 号	地 址
起动按钮	SB0	I0.0	显示灯	HL	Q0.0
停止按钮	SB1	I0.1			

2. PLC 接线

延时关灯电路的 PLC 接线与延时开灯电路的 PLC 接线相同，如图 4-26 所示。

3. 梯形图

延时关灯电路的 PLC 程序梯形图，如图 4-28 所示。

4. 指令表

程序段 1	程序段 2	程序段 3
LD I0.0	LD I0.1	LD M0.0
EU	O M0.0	ED
S Q0.0, 1	AN T38	R Q0.0, 1
	= M0.0	
	TON T38, 50	

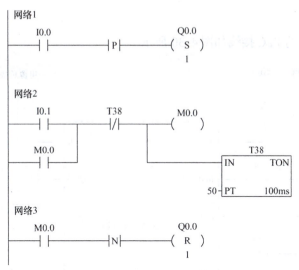

图 4-28 延时关灯电路的梯形图

【例 4-5】 自动开关门电路。

控制要求：如图 4-29 所示，当车到来（传感器 S 为 ON）时，KM1 得电（开门）；当门开到上限（上限开关 $S_上$ 为 ON）时，KM1 失电（开门停止）。

当车进门后（光电开关 $S_光$ 被遮挡，由 ON 变为 OFF），KM2 得电（关门）；门到下限（下限开关 $S_下$ 为 ON）时，KM2 失电（关门停止）。

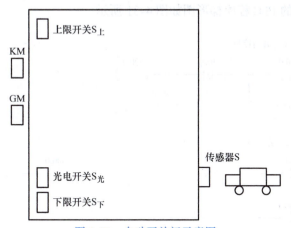

图 4-29 自动开关门示意图

1. I/O 分配

I/O 分配见表 4-4。

表 4-4 I/O 分配

输 入			输 出		
设备名称	符 号	地 址	设备名称	符 号	地 址
传感器	S	I0.0	开门起停	KM1	Q0.0
上限开关	$S_上$	I0.1	关门起停	KM2	Q0.1
光电开关	$S_光$	I0.2			
下限开关	$S_下$	I0.3			

2. PLC 接线

自动开关门电路的 PLC 接线如图 4-30 所示。

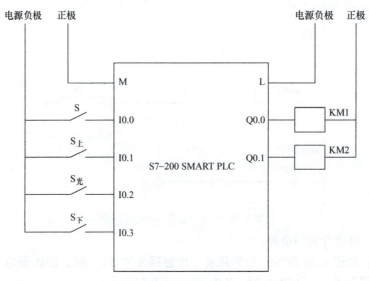

图 4-30　自动开关门电路的 PLC 接线图

3. 梯形图

自动开关门电路的 PLC 程序梯形图如图 4-31 所示。

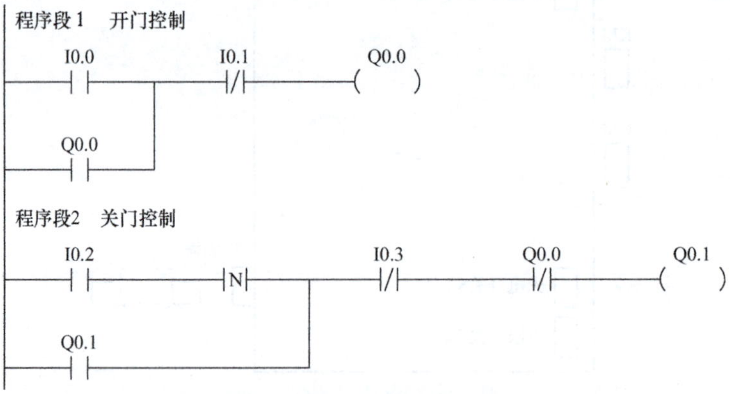

```
程序段1  开门控制
  I0.0      I0.1              Q0.0
───┤├──────┤/├──────────────( )
  Q0.0
───┤├──

程序段2  关门控制
  I0.2            I0.3      Q0.0      Q0.1
───┤├──┤N├──────┤/├──────┤/├──────( )
  Q0.1
───┤├──
```

图 4-31　自动开关门电路的梯形图

4. 指令表

程序段 1　　　　　　　　　　　　　程序段 2

LD　I0.0　　　　　　　　　　　　LD　I0.2
O　 Q0.0　　　　　　　　　　　　ED
AN　I0.1　　　　　　　　　　　　O　 Q0.1
=　 Q0.0　　　　　　　　　　　　AN　I0.3
　　　　　　　　　　　　　　　　AN　Q0.0
　　　　　　　　　　　　　　　　=　 Q0.1

第四章 S7-200 SMART PLC程序编写

【例4-6】 自动传送带包装机。

控制要求：产品通过自动传送带，依次传送到包装箱内；传送带上安装有光电开关S，对传送的产品数量进行检测计数；当计数到第12个产品（装满一箱）时，接触器KM得电，包装机进行包装，工作3s。

1. I/O 分配

I/O 分配见表4-5。

表4-5 I/O 分配

输入			输出		
设备名称	符号	地址	设备名称	符号	地址
光电开关	S	I0.0	接触器	KM	Q0.0

2. PLC 接线

自动传送带包装机的PLC接线如图4-32所示。

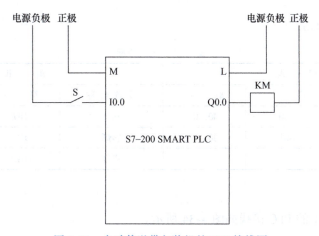

图4-32 自动传送带包装机的PLC接线图

3. 梯形图

自动传送带包装机的梯形图如图4-33所示。

4. 指令表

程序段1
LD   I0.0
LD   T37
CTU   C0, 12

程序段2
LD   C0
TON   T37, 30
=   Q0.0

【例4-7】 彩灯循环点亮1。

从这个项目开始，要求在程序中加入初始化，以保证在任何情况下没有遗漏和bug。

控制要求：按下起动按钮1s后，仅HL0亮2s，然后仅HL1亮2s，然后仅HL2亮2s，然后仅HL0亮2s…，如此循环；按下停止按钮后，灯全灭。

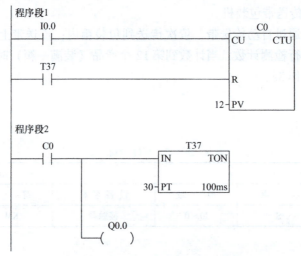

图 4-33 自动传送带包装机的梯形图

1. I/O 分配

I/O 分配见表 4-6。

表 4-6 I/O 分配

输入			输出		
设备名称	符号	地址	设备名称	符号	地址
起动按钮	SB0	I0.0	彩灯	HL0	Q0.0
停止按钮	SB1	I0.1	彩灯	HL1	Q0.1
			彩灯	HL2	Q0.2

2. PLC 接线

彩灯循环点亮 1 的 PLC 接线如图 4-34 所示。

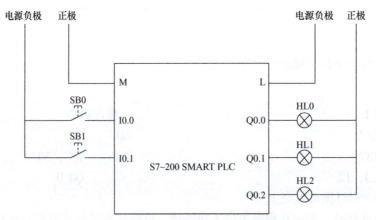

图 4-34 彩灯循环点亮 1 的 PLC 接线图

3. 梯形图

彩灯循环点亮 1 的梯形图如图 4-35 所示。

第四章 S7-200 SMART PLC程序编写

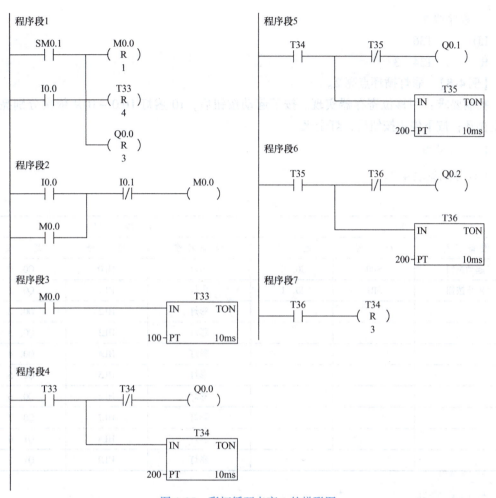

图 4-35 彩灯循环点亮 1 的梯形图

4. 指令表

程序段 1
LD   SM0.1
O   I0.0
R   M0.0, 1
R   T33, 4
R   Q0.0, 3

程序段 2
LD   I0.0
O   M0.0
AN   I0.1
=   M0.0

程序段 3
LD   M0.0
TON   T33, 100

程序段 4
LD   T33
LPS
AN   T34
=   Q0.0
LPP
TON   T34, 200

程序段 5
LD   T34
LPS
AN   T35
=   Q0.1
LPP
TON   T35, 200

程序段 6
LD   T35
LPS
AN   T36
=   Q0.2
LPP
TON   T36, 200

程序段 7
LD   T36
R   T34, 3

【例 4-8】 彩灯循环点亮 2。

控制要求：用移位寄存器实现。按下起动按钮后，10 盏灯 HL0～HL9 依次分别亮 2s，往复循环；按下停止按钮后，灯全灭。

1. I/O 分配

I/O 分配见表 4-7。

表 4-7 I/O 分配

输 入			输 出		
设备名称	符 号	地 址	设备名称	符 号	地 址
起动按钮	SB0	I0.0	彩灯	HL0	Q0.0
停止按钮	SB1	I0.1	彩灯	HL1	Q0.1
			彩灯	HL2	Q0.2
			彩灯	HL3	Q0.3
			彩灯	HL4	Q0.4
			彩灯	HL5	Q0.5
			彩灯	HL6	Q0.6
			彩灯	HL7	Q0.7
			彩灯	HL8	Q1.0
			彩灯	HL9	Q1.1

2. PLC 接线

彩灯循环点亮 2 的 PLC 接线如图 4-36 所示。

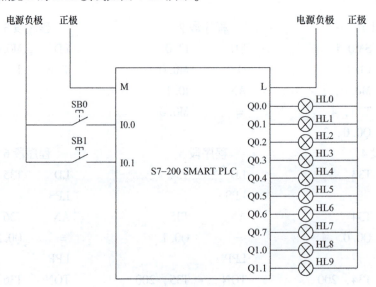

图 4-36 彩灯循环点亮 2 的 PLC 接线图

3. 梯形图

彩灯循环点亮 2 的梯形图如图 4-37 所示。

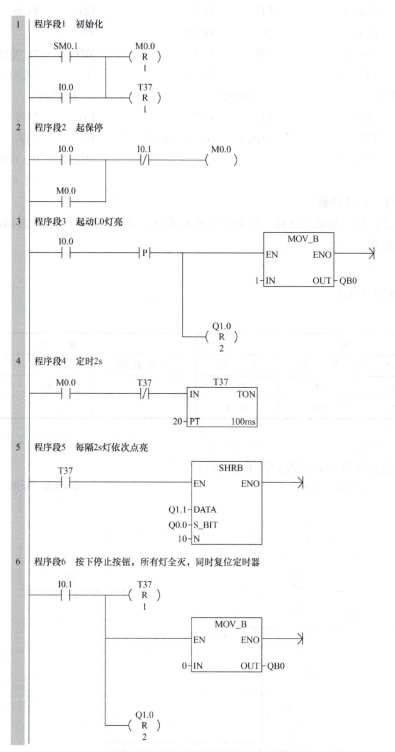

图 4-37　彩灯循环点亮 2 的梯形图

4. 指令表

程序段 1	程序段 2	程序段 3
LD SM0.1	LD I0.0	LD I0.0
O I0.0	O M0.0	EU
R M0.0, 1	AN I0.1	MOVB 1, QB0
R T37, 1	= M0.0	R Q1.0, 2

程序段 4	程序段 5	程序段 6
LD M0.0	LD T37	LD I0.1
AN T37	SHRB Q1.1, Q0.0, 10	R T37, 1
TON T37, 20		MOVB 0, QB0
		R Q1.0, 2

【例 4-9】 闪烁计数。

控制要求：按下起动按钮后，灯 HL 以灭 2s 亮 3s 的周期循环 10 次后自动停止；任何时候按下停止按钮，灯灭。

1. I/O 分配

I/O 分配见表 4-8。

表 4-8 I/O 分配

输入			输出		
设备名称	符号	地址	设备名称	符号	地址
起动按钮	SB0	I0.0	灯	HL	Q0.0
停止按钮	SB1	I0.1			

2. PLC 接线

闪烁计数控制的 PLC 接线如图 4-38 所示。

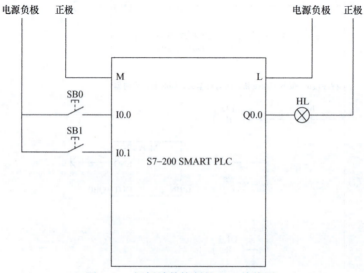

图 4-38 闪烁计数控制的 PLC 接线图

3. 梯形图

闪烁计数控制的梯形图如图 4-39 所示。

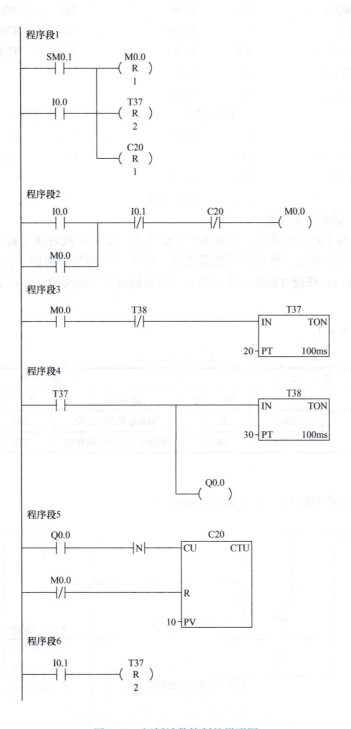

图 4-39 闪烁计数控制的梯形图

4. 指令表

程序段 1	程序段 2	程序段 3
LD　SM0.1	LD　I0.0	LD　M0.0
O　 I0.0	O　 M0.0	AN　T38
R　 M0.0，1	AN　I0.1	TON　T37，20
R　 T37，2	AN　C20	
R　 C20，1	=　 M0.0	

程序段 4	程序段 5	程序段 6
LD　T37	LD　Q0.0	LD　I0.1
TON　T38，30	ED	R　 T37，2
=　 Q0.0	LDN　M0.0	
	CTU　C20，10	

【例 4-10】 轴承自动加脂。

控制要求：按下起动按钮后，轴和轴承开始工作。每隔一段时间（此练习假定为 20s）起动一次润滑油泵电动机，驱动润滑油泵工作，给轴承添加润滑油脂，每次工作预设时间（此练习假定为 2s）；任何时候按下停止按钮，轴和轴承以及润滑油泵停止工作。

1. I/O 分配

I/O 分配见表 4-9。

表 4-9 I/O 分配

输　　　入			输　　　出		
设备名称	符　号	地　址	设备名称	符　号	地　址
起动按钮	SB0	I0.0	轴和轴承起停信号	KM1	Q0.0
停止按钮	SB1	I0.1	润滑油泵电动机接触器	KM2	Q0.1

2. PLC 接线

轴承自动加脂控制的 PLC 接线如图 4-40 所示。

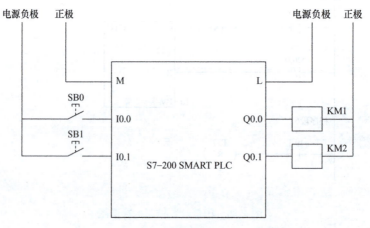

图 4-40 轴承自动加脂控制的 PLC 接线图

3. 梯形图

轴承自动加脂控制的梯形图如图 4-41 所示。

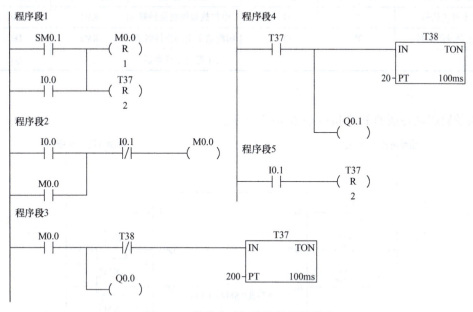

图 4-41　轴承自动加脂控制的梯形图

4. 指令表

程序段 1
LD　SM0.1
O　　I0.0
R　　M0.0, 1
R　　T37, 2

程序段 2
LD　I0.0
O　　M0.0
AN　I0.1
=　　M0.0

程序段 3
LD　M0.0
LPS
AN　T38
TON　T37, 200
LPP
　　　= Q0.0

程序段 4
LD　T37
TON　T38, 20
=　　Q0.1

程序段 5
LD　I0.1
R　　T37, 2

【例 4-11】 齿轮箱起动控制。

控制要求：齿轮箱在第一次投入使用时，或长时间停用/大修之后重新起用，在开机后，须先检查环境温度，如果环境温度低于预设值，则需要打开电加热器进行加热；当环境温度高于预设值时，先给齿轮箱进行合理的润滑，再起动齿轮箱工作。

环境温度由温度传感器进行检测，进行比较后给 PLC 输入一个开关量信号 Th（环境温度大于或等于预设值时为 on）；假设起动润滑油泵给齿轮箱润滑需要 10s。

1. I/O 分配

I/O 分配见表 4-10。

表 4-10　I/O 分配

输入			输出		
设备名称	符号	地址	设备名称	符号	地址
设备开机信号	ON	I0.0	电加热器控制接触器	KM1	Q0.0
温度预设值信号	Th	I0.1	润滑油泵电动机接触器	KM2	Q0.1
			齿轮箱起停接触器	KM3	Q0.2

2. PLC 接线

齿轮箱起动控制的 PLC 接线如图 4-42 所示。

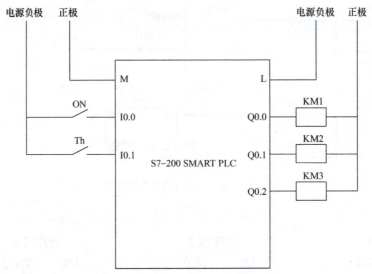

图 4-42　齿轮箱起动控制的 PLC 接线图

3. 梯形图

齿轮箱起动控制的梯形图如图 4-43 所示。

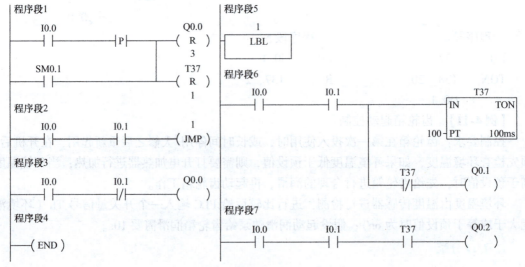

图 4-43　齿轮箱起动控制的梯形图

4. 指令表

程序段 1	程序段 2	程序段 3	程序段 4
LD　SM0.1	LD　I0.0	LD　I0.0	MEND
LD　I0.0	A　 I0.1	AN　I0.1	
EU	JMP　1	=　 Q0.0	
OLD			
R　 Q0.0, 3			
R　 T37, 1			

程序段 5	程序段 6	程序段 7
LBL　1	LD　 I0.0	LD　 I0.0
	A　 I0.1	A　 I0.1
	TON　T37, 100	A　 T37
	AN　 T37	=　 Q0.2
	=　 Q0.1	

【例 4-12】 单位转换。

控制要求：将英寸（in）转换为厘米（cm），1in = 2.54cm；SB0 是英寸值的计数输入，SB1 是计数复位；转换完成，灯亮。

1. I/O 分配

I/O 分配见表 4-11。

表 4-11　I/O 分配

输入			输出		
设备名称	符号	地址	设备名称	符号	地址
计数输入按钮	SB0	I0.0	转换完成显示灯	HL	Q0.0
计数复位按钮	SB1	I0.1			

2. PLC 接线

单位转换控制的 PLC 接线，如图 4-44 所示。

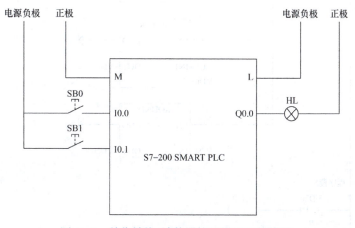

图 4-44　单位转换/计数器扩展的 PLC 接线图

3. 梯形图

单位转换控制的梯形图，如图 4-45 所示。

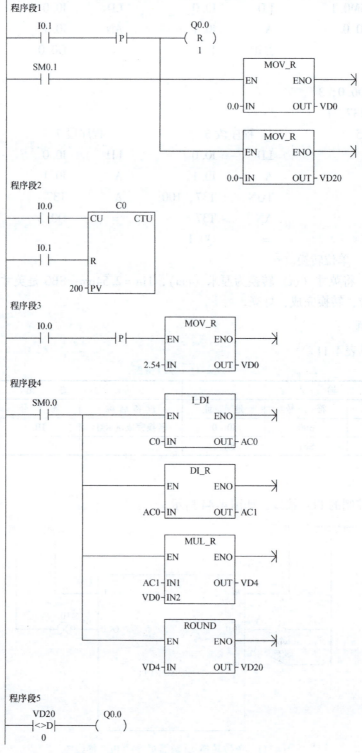

图 4-45　单位转换程序的梯形图

S7-200 SMART PLC程序编写

4. 指令表

程序段 1	程序段 2	程序段 3
LD SM0.1	LD I0.0	LD I0.0
LD I0.1	LD I0.1	EU
EU	CTU C0, 200	MOVR 2.54, VD0
OLD		
R Q0.0, 1		
MOVR 0.0, VD0		
MOVR 0.0, VD20		

程序段 4　　　　　　　　程序段 5
LD   SM0.0　　　　　　LDD <> VD20, 0
ITD   C0, AC0　　　　　=   Q0.0
DTR   AC0, AC1
MOVR AC1, VD4
*R   VD0, VD4
ROUND VD4, VD20

【例 4-13】 计数器扩展。

控制要求：S7-200 系列 PLC 计数器的最大计数范围是 0~32767，如果需要更大的计数范围，就需要进行扩展。总的计数设定值为扩展程序中各计数器设定值的乘积。

1. I/O 分配

I/O 分配见表 4-12。

表 4-12　I/O 分配

输入			输出		
设备名称	符　号	地　址	设备名称	符　号	地　址
计数输入	SB0	I0.0	转换完成显示灯	HL	Q0.0
计数复位	SB1	I0.1			

2. PLC 接线

计数器扩展的 PLC 接线如图 4-44 所示。

3. 梯形图

计数器扩展的梯形图如图 4-46 所示。

4. 指令表

程序段1
LD   SM0.1
LD   I0.1
EU
OLD
R   Q0.0, 1
R   C0, 2

程序段2
LD   I0.0
LD   I0.1
O   C0
CTU   C0, 200

程序段3
LD   C0
LD   I0.1
CTU   C1, 1000

程序段4
LD   C1
=   Q0.0

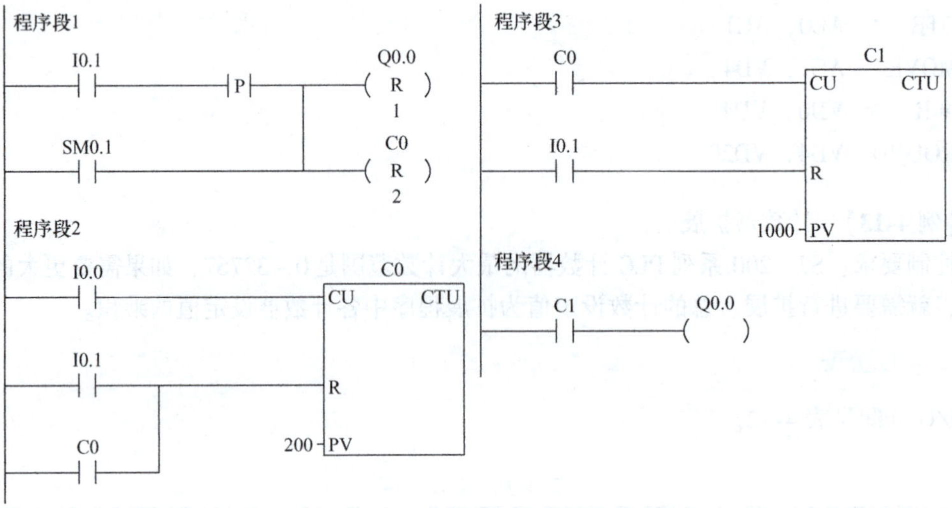

图 4-46 计数器扩展的梯形图

习题四

1. 画出例 4-2 的时序图。
2. 按以下控制要求，完成 I/O 分配、PLC 接线和编程调试。

（1）求 50°的余切值（正切值的倒数）。

（2）用两个按钮控制灯循环闪烁：按下起动按钮 2s 后，仅第一个灯亮 1s，然后仅第二个灯亮 1s，然后仅第三个灯亮 1s，然后仅第一个灯亮 1s……如往复循环 5 次后自动停止；按下停止按钮后，灯全灭。

（3）用定时器和循环移位实现：按下起动按钮 1s 后，8 个灯依次循环点亮 2s；按下停止按钮后，灯全灭。

（4）利用定时中断功能，实现灯的闪烁：当开关接通时，灯循环亮 2s 灭 2s；开关断开时，等待停止闪烁。

第五章
STEP 7-Micro/WIN SMART编程软件的使用

第一节 编程软件概述

一、编程软件的界面

1. 编程软件的安装

STEP 7-Micro/WIN SMART V2.1编程软件可以在操作系统Windows XP和Windows 7下运行。

用鼠标双击文件夹"STEP 7-Micro/WIN SMART V2.1"中的文件"setup.exe",开始安装软件,使用默认的安装语言——中文(简体)(见图5-1a)。完成各对话框的设置后单击"下一步"按钮(见图5-1b)。

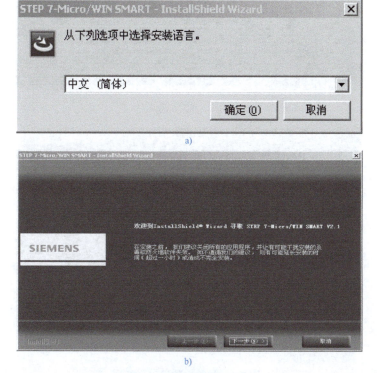

图5-1 软件安装过程

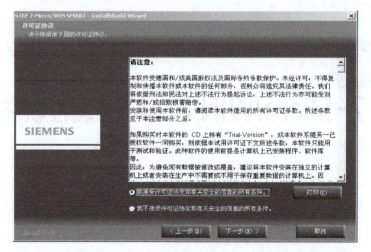

c)

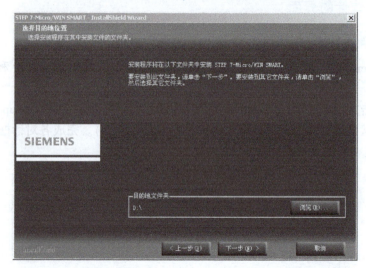

d)

e)

图 5-1 软件安装过程（续）

第五章

STEP 7-Micro/WIN SMART编程软件的使用

在"许可证协议"对话框选中"我接受许可证协议和有关安全的信息的所有条款",然后单击"下一步"按钮(见图5-1c)。在"选择目的地位置"对话框中可以修改安装软件的目的地文件夹,单击"下一步"按钮开始安装(见图5-1d)。在"InstallShield Wizard 完成"对话框中,可以选择是否阅读自述文件和是否启动软件,单击"完成"按钮,结束安装过程(见图5-1e)。

2. 快速访问工具栏

STEP 7-Micro/WIN SMART 的快速访问工具栏有新建、打开、保存和打印等图标(见图5-2)。单击界面左上角的"文件"按钮 ,可以简单快速地访问"文件"菜单的一些功能(新建、打开、保存、另存为、打印、打印预览、关闭),并显示出最近打开过的文件。

图 5-2　STEP 7-Micro/WIN SMART 的界面

3. 菜单栏

在 STEP 7-Micro/WIN SMART 菜单(见图5-2)对应的功能区内,单击鼠标右键,在弹出快捷菜单中选择"最小化功能区"指令,在没有单击菜单时,不会显示其功能区。单击某个菜单(如"编辑"),可以打开或关闭该菜单的功能区。

4. 项目树与导航栏

项目树的功能是组织项目（见图5-2）。鼠标右击项目树的空白区域，可以用快捷菜单中的"单击打开项目"命令，设置用鼠标单击或双击方式打开项目树中的对象。

项目树上面的导航栏有符号表、状态图表、数据块、系统块、交叉引用和通信六个按钮。单击它们，可以直接打开项目树中对应的符号。单击项目树中文件夹左边带有加减号的小方框，可以打开或关闭该文件夹；也可以用双击文件夹的方式打开它。

5. 状态栏

状态栏位于主窗口底部。在编辑模式，状态栏显示编辑器的信息，例如当前是插入（INS）模式还是覆盖（OVR）模式。可以用计算机的 < Insert > 键切换这两种模式。此外还能够显示在线状态信息。状态栏右边的梯形图缩放工具具有放大和缩小梯形图程序的功能。

二、窗口操作与帮助功能

1. 打开和关闭窗口

双击项目树中或单击导航栏中的某个窗口对象，可以打开对应的窗口。或单击"编辑"菜单功能区的"插入"区域的"对象"按钮，再单击出现的下拉列表中的某个对象，也可以打开窗口。

单击当前显示窗口右上角的 ✖ 按钮，可以关闭该窗口。

2. 窗口高度的调整

将光标放到两个窗口的水平分界线上，或放在窗口与编辑器的分界线上光标变为垂直方向的双向箭头，按住鼠标左键上、下移动鼠标，可以拖动水平分界线，调整窗口的高度。

3. 窗口的隐藏

单击窗口右上角的"自动隐藏"按钮 ，所有窗口被隐藏到界面的左下角状态栏上面。将光标放到隐藏的窗口的某个图标上，对应的窗口将会自动出现，并停靠在界面的下边沿，此时单击窗口右上角的 按钮，窗口将自动地停靠到隐藏之前的位置。

4. 帮助功能的使用

1) 在线帮助。单击项目树中的某个文件夹或文件夹中的对象、单击某个窗口、选中工具栏上的某个按钮、单击指令树或程序编辑器中的某条指令，按 < F1 > 键可以得到选中的对象的在线帮助。

2) 用帮助菜单获得帮助。单击"帮助"菜单功能区的"信息"区域的"帮助"按钮，打开在线帮助窗口。

第二节　程序的编写与下载

一、创建项目

1. 创建新项目或打开已有的项目

单击快速访问工具栏的"新建"按钮 ，生成一个新的项目。单击快速访问工具栏上

第五章 STEP 7-Micro/WIN SMART编程软件的使用

的 按钮，可以打开已有的项目。

2. 保存文件

单击快速访问工具栏上的"保存"按钮 ，在出现的"另存为"对话框中输入项目的文件名，设置保存项目的文件夹。单击"保存"按钮，软件将项目的当前状态存储在扩展名为 smart 的单个文件中。

二、生成用户程序

1. 编写用户程序

生成新项目后，自动打开主程序 MAIN，程序段 1 最左边的箭头处有一个矩形光标（见图 5-3a）。

单击工具栏上的触点按钮 ，然后单击出现的对话框中的常开触点，在矩形光标所在的位置出现一个常开触点（见图 5-3b）。触点上面红色的问号 ??.? 表示地址未赋值，选中

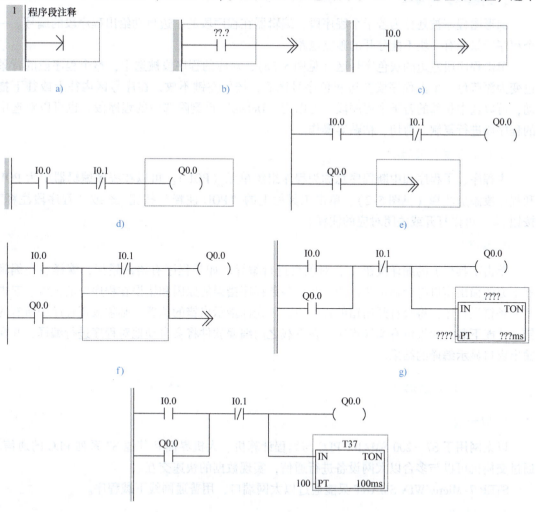

图 5-3 生成梯形图程序

它后输入触点的地址 I0.0，光标移动到触点的右边（见图 5-3c）。单击工具栏上的触点按钮，然后单击出现的对话框中的常闭触点，生成一个常闭触点，输入触点的地址 I0.1。单击工具栏上的线圈按钮，然后单击出现的对话框中的"输出"，生成一个线圈，设置线圈的地址为 Q0.0（见图 5-3d）。

将光标放到 I0.0 的常开触点的下面，生成 Q0.0 的常开触点（见图 5-3e）。将光标放到新生成的触点上，单击工具栏上的"插入向上垂直线"按钮，使 Q0.0 的触点与它上面的 I0.0 的触点并联，再将光标放到 I0.1 的触点上，单击工具栏上的"插入向下垂直线"按钮，生成带双箭头的折线（见图 5-3f）。

绘制定时器的方法是将指令列表的"定时器"文件夹中的 TON 图标拖放到双箭头所在的位置或双击其图标（见图 5-3g）。在 TON 方框上面输入定时器的地址 T37。单击 PT 输入端的红色问号????，键入 PT 预设值 100，可以确定定时时间是 10s。程序段 1 输入结束后的梯形图如图 5-3h 所示。

2. 对程序段的操作

梯形图程序被划分为若干个程序段，编辑器在程序段的左边自动给出程序段的编号。一个程序段只能有一块不能分开的独立电路。

单击程序段左边的灰色序号区（见图 5-3a），对应的程序段被选中，整个程序段的背景色变为深蓝色。单击程序段左边灰色序号区后，按住左键不放，在序号区内往上或往下拖动，可以选中相邻的若干个程序段。可以用〈Delete〉键删除选中的程序段，也可以对选中的程序段进行复制、剪切、粘贴等操作。

3. 打开和关闭注释

主程序、子程序和中断程序总称为程序组织单元（POU）。可以在程序编辑器中为 POU 和程序段添加注释（见图 5-2）。单击工具栏上的"POU 注释"按钮或"程序段注释"按钮，可以打开或关闭对应的注释。

4. 编译程序

单击工具栏上的编译按钮，对项目进行编译。如果程序有语法错误，编译后在编辑器下方的输出窗口将会显示错误的个数、各条程序错误的原因和错误在程序中的位置。双击某一条错误程序，将会打开出错的程序块，用光标指示出错的位置。必须改正程序中所有的错误才能下载。如果没有编译程序，在下载之前编程软件将会自动地对程序进行编译，并在输出窗口显示编译的结果。

三、以太网组态

1. 以太网

以太网用于 S7-200 SMART PLC 与编程计算机、人机界面和其他 S7 系列 PLC 的通信。通过交换机可以与多台以太网设备进行通信，实现数据的快速交互。

STEP 7-Micro/WIN SMART 只能通过以太网端口，用普通网线下载程序。

2. MAC 地址

媒体访问控制（Media Access Control，MAC）地址是以太网端口设备的物理地址。在传输数据时,用 MAC 地址标识发送和接收数据的主机地址。在网络底层的物理传输过程中,通过 MAC 地址来识别主机。每个 CPU 在出厂时都已装载了一个永久的唯一的 MAC 地址,用户不能对其更改。

3. IP 地址

为了使信息能在以太网上准确、快捷地传送到目的地,连接到以太网的每台计算机必须拥有一个唯一的 IP 地址。

IP 地址由 32 位二进制数(4B)组成,是 Internet 协议地址,在控制系统中,一般使用固定的 IP 地址。

4. 子网掩码

子网是连接在网络上的设备的逻辑组合。同一个子网中的节点彼此之间的物理位置通常较近。子网掩码(Subnet mask)是一个 32 位地址,用于将 IP 地址划分为子网地址和子网内节点的地址。

S7-200 SMART PLC CPU 出厂时默认的 IP 地址为 192.168.2.1,默认的子网掩码为 255.255.255.0。与编程计算机通信的单个 CPU 可以采用默认的 IP 地址和子网掩码。

5. 网关

网关(或 IP 路由器)是局域网(LAN)之间的连接器。局域网中的计算机可以使用网关向其他网络发送消息。如果数据的目的地不在局域网内,网关将数据转发给另一个网络或网络组。网关用 IP 地址来传送和接收数据包。

6. 用系统块设置 CPU 的 IP 地址

双击项目树或导航栏中的"系统块",打开"系统块"对话框,自动选中模块列表中的 CPU 和左边窗口中的"通信"节点,在右边窗口设置 CPU 的以太网端口和 RS485 端口的参数。图 5-4 中是默认的以太网端口的参数,也可以修改这些参数。

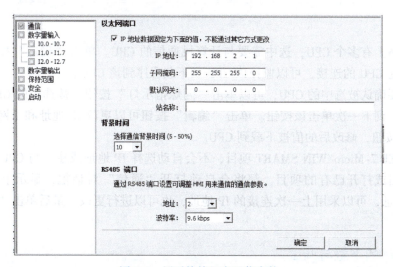

图 5-4 用系统块组态通信参数

如果选中多选框"IP 地址数据固定为下面的值,不能通过其他方式更改",输入的是静态 IP 信息。如果未选中上述多选框,此时的 IP 地址信息为动态信息。可以在"通信"对话框中更改 IP 信息。

对话框中的"背景时间"是用于处理通信请求的时间占扫描周期的百分比。增加背景时间将会增加扫描时间，从而减慢控制过程的运行速度，一般采用默认的 10%。

设置完成后，单击"确定"按钮确认设置的参数，系统块自动关闭。需要通过系统块将新的设置下载到 PLC，参数被存储在 CPU 模块的存储器中。

7. 用"通信"对话框设置 CPU 的 IP 地址

双击项目树中的"通信"图标，打开"通信"对话框（见图 5-5）。在"网络接口卡"下拉列表中选中使用的以太网端口，单击"查找 CPU"按钮，将会显示出网络上所有可访问的设备的 IP 地址。

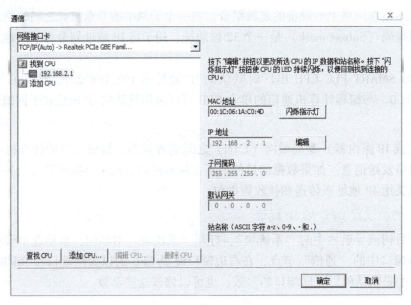

图 5-5 "通信"对话框

如果网络上有多个 CPU，选中需要与计算机通信的 CPU。单击"确定"按钮，就建立起了和对应的 CPU 的连接，可以监控该 CPU 和下载程序到该 CPU。

如果需要确认被选中的 CPU，可以单击"闪烁指示灯"按钮。被选中的 CPU 的指示灯将会闪烁，直到下一次单击该按钮。单击"编辑"按钮可以更改 IP 地址和子网掩码等。单击"确定"按钮，修改后的值被下载到 CPU。

打开 STEP 7-Micro/WIN SMART 项目，不会自动选择 IP 地址或建立与 CPU 的连接。每次创建新项目或打开已有的项目，都将会自动打开"通信"对话框，显示上一次连接的 CPU 的 IP 地址，可以采用上一次连接的 IP 地址，也可以进行更改，最后单击"确定"按钮确认。

四、程序的下载与调试

1. 程序的下载

输入程序后，单击工具栏上的"下载"按钮，在弹出的"通信"对话框中找到 CPU

的 IP 地址，单击"确定"按钮，将会出现"下载"对话框。用户可以用多选框选择是否下载程序块、数据块和系统块，打钩表示要下载。这里不能下载或上传符号表和状态图表。单击"下载"按钮，开始下载。

下载应在 STOP 模式进行，如果下载时为 RUN 模式，将会自动切换到 STOP 模式，下载结束后自动切换回 RUN 模式。

2. 读取 PLC 信息

单击"PLC"菜单功能区的"信息"区域中的"PLC"按钮，将打开"PLC 信息"对话框，显示 PLC 的状态和实际的模块配置。

3. 上传项目组件

上传之前应新建一个空的项目来保存上传的块，以防止打开的项目被上传的内容覆盖。

单击工具栏上的"上传"按钮，打开上传对话框。上传对话框与下载对话框的结构基本上相同，对话框的右下角仅有多选框"成功后关闭对话框"。用户可以用多选框选择是否上传程序块、数据块和系统块。单击"上传"按钮，开始上传。

4. 更改 CPU 的工作模式

PLC 有两种工作模式，即 RUN（运行）模式与 STOP（停止）模式。CPU 模块面板上的"RUN"和"STOP"指示灯用来显示当前的工作模式。

在 RUN 模式下，通过执行反映控制要求的用户程序来实现控制功能。在 STOP 模式下，CPU 仅执行输入和输出更新操作。STOP 模式可以将用户程序和硬件组态信息下载到 PLC。

下载程序后，单击工具栏上的运行按钮，再单击弹出的对话框中的"是"按钮，CPU 进入 RUN 模式。单击"停止"按钮，确认后 CPU 进入 STOP 模式。

5. 运行和调试程序

下载程序后，通过手动操作开关接通或断开输入信号，通过 PLC 的输出端状态指示灯的变化来观察程序执行的情况，判断程序的正确性。

第三节　符号表与符号地址的使用

1. 打开符号表

单击导航栏的"符号表"图标，或双击项目树的"符号表"文件夹中的图标，可以打开符号表。新建项目的"符号表"文件夹中有"表格 1""系统符号""POU 符号"和"I/O 符号"这四个符号表（见图 5-6）。

2. 专用的符号表

（1）POU 符号表　单击符号表窗口下面的"POU 符号"选项卡，可以看到项目中主程序、子程序和中断程序的默认名称，该表格为只读表格（背景为灰色），不能用它修改 POU 符号（见图 5-6c）。可通过右击项目树文件夹中的某个 POU，用快捷菜单中的"重命名"命令来修改它的名称。

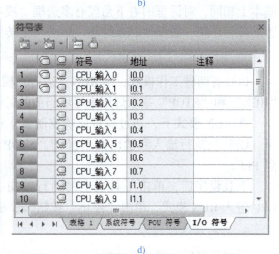

图 5-6 符号表

（2）I/O 符号表　I/O 符号表列出了 CPU 的每个数字量 I/O 点默认的符号。例如"CPU_输入 0""CPU_输出 5"等（见图 5-6d）。

（3）系统符号表　单击符号表窗口下面的"系统符号"选项卡，可以看到各种特殊存储器（SM）的符号、地址和注释（见图 5-6b）。

3. 生成符号

"表格 1"是自动生成的用户符号表（见图 5-6a）。在"表格 1"的"符号"列键入符号名，例如"起动按钮"，在"地址"列中键入地址或常数。符号表用 ▣ 图标表示地址重叠的符号，用 ▣ 图标表示未使用的符号。

键入时用红色的文本表示下列语法错误：符号以数字开始、使用关键字作为符号或使用无效的地址。红色波浪下划线表示用法无效，例如重复的符号名和重复的地址。如果用户符号表的地址和 I/O 符号表的地址重叠，可以删除 I/O 符号表。

4. 生成用户符号表

可以创建多个用户符号表，但符号名和地址不能相同。鼠标右击项目树中的"符号表",执行快捷菜单中的"插入"→"符号表"命令,可以生成新的符号表。成功插入新的符号表后,符号表窗口下方会出现一个新的选项卡,单击这些选项卡可以打开不同的符号表。

5. 表格的通用操作

1)列宽度调节。将光标放在表格的列标题分界处,光标出现水平方向的双箭头后,按住左键将分界线拉至所需要的位置,可以调节列的高度。

2)插入新行。右击表格中的某一单元,执行弹出菜单中的"插入"→"行"命令,可以在所选行的上面插入新的行。将光标置于表格最下面一行的任意单元后,按计算机的<↓>键,在表格的底部将会增添一个新的行。

3)选中单元格和行。按<TAB>键,光标将移至表格右边的下一个单元格。单击某个单元格,按住〈Shift〉键同时单击另一单元格,将会同时选中两个所选单元格定义的矩形范围内所有的单元格。

单击最左边的行号,可选中整个行。按住左键在最左边的行号列拖动,可以选中连续的若干行。

按删除键可删除选中的行或单元格,可以用剪贴板复制和粘贴选中的对象。

6. 在程序编辑器和状态图表中定义、编辑和选择符号

在程序编辑器或状态图表中,鼠标右击未连接任何符号的地址,例如 T37。执行出现的快捷菜单中的"定义符号"命令,可以在打开的对话框中定义符号(见图5-7)。单击"确定"按钮确认操作并关闭对话框。被定义的符号将同时出现在程序编辑器或状态图表和符号表中。

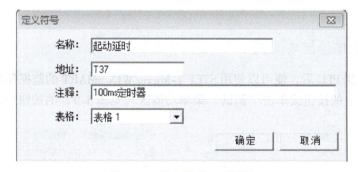

图5-7 "定义符号"对话框

鼠标右击程序编辑器或状态图表中的某个符号,执行快捷菜单中的"编辑符号"命令,可以编辑该符号的地址和注释。鼠标右击某个未定义的地址,执行快捷菜单中的"选择符号"命令,出现"选择符号"列表,可以为变量选用打开的符号表中可用的符号。

7. 符号表的排序

为了方便在符号表中查找符号,可以对符号表中的符号排序。单击符号列和地址列的列标题,可以改变排序的方式。

8. 切换地址的显示方式

1)单击"视图"菜单功能区的"符号"区域中的"仅绝对""仅符号""符号:绝对"按钮,可以分别只显示绝对地址、只显示符号名称、同时显示绝对地址和符号名称。

2）单击工具栏上的"切换寻址"按钮 ，将在 3 种显示方式之间进行切换。

3）使用 < Ctrl + Y > 快捷键，也可以在 3 种符号显示方式之间进行切换。

9. 符号信息表

单击"视图"菜单功能区的"符号"区域中的"符号信息表"按钮 ，或单击工具栏上的该按钮，将会在每个程序段的程序下面显示或隐藏符号信息表（见图 5-8）。

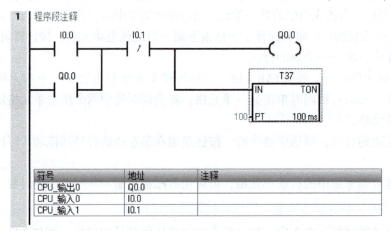

图 5-8　梯形图中的符号信息表

第四节　用编程软件监控与调试程序

一、程序状态监控与调试

将程序下载到 PLC 后，便可以使用 STEP 7-Micro/WIN SMART 的监视和调试功能。可以通过单击工具栏上的按钮或单击"调试"菜单功能区（见图 5-9）的按钮来选择调试工具。

图 5-9　"调试"菜单功能区

1. 梯形图的程序状态监控

在程序编辑器中打开要监控的程序，单击工具栏上的"程序状态"按钮 ，开始启用程序状态监控。

PLC 必须处于 RUN 模式才能查看连续的状态更新。在 RUN 模式启动程序状态功能后，将用颜色显示出梯形图中各元件的状态，左边的垂直"电源线"和与它相连的水平"导线"变为深蓝色。如果触点和线圈处于接通状态，它们中间出现深蓝色的方块，有"能流"流过的"导线"也变为深蓝色。红色方框表示执行指令时出现了错误。灰色表示无能流，电路处于断开状态。

启用程序状态监控，可以形象直观地看到触点、线圈的状态和定时器当前值的变化情况。

2. 语句表的程序状态监控

单击工具栏上的"程序状态"按钮 ，关闭程序状态监控。单击"视图"菜单功能区的"编辑器"区域的"STL"按钮，切换到语句表编辑器。单击"程序状态"按钮，启动语句表的程序状态监控功能。用接在端子 I0.0 的启动按钮和 I0.1 上的停止按钮来控制信号的通断，可以看到指令中的位地址的 ON/OFF 状态的变化和 T37 的当前值不断变化的情况。

单击"工具"菜单功能区的"选项"按钮，打开"Options"（选项）对话框。选中左边窗口"STL"下面的"状态"，可以设置语句表程序状态监控的内容（见图 5-10）。

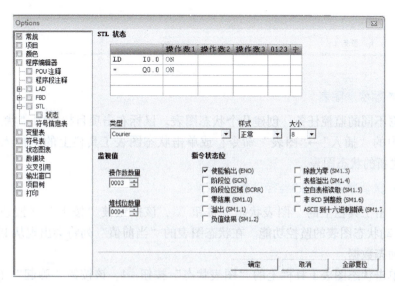

图 5-10　语句表程序状态监控的设置

二、用状态图表监控与调试程序

1. 打开和编辑状态图表

双击项目树的"状态图表"文件夹中的"图表 1"图标，或者单击导航栏上的"状态图表"按钮均可以打开状态图表（见图 5-11），并对它进行编辑，如果项目中有多个状态图表，可以用状态图表编辑器底部的标签切换它们。

2. 生成要监控的地址

未启动状态图表的监控功能时，在状态图表的地址列键入要监控的变量的绝对地址或符号地址，可以采用默认的显示格式，或用格式列隐藏的下拉列表方式来改变显示格式。

选中符号表中的符号单元或地址单元，并将其复制到状态图表的"地址"列，可以快速创建要监控的变量。单击状态图表某个"地址"列的单元格（例如 VW20）后按 <ENTER> 键，可以在下一行插入或添加一个具有顺序地址（例如 VW22）和相同显示格式的新行。

按住 <Ctrl> 键，将选中的操作数从程序编辑器拖放到状态图表，可以向状态图表添加条目。

PLC应用技术
——西门子S7-200 SMART

序号	地址	格式	当前值	新值
1	I0.0	位		
2	I0.1	位		
3	Q0.0	位		
4	Q0.1	位		
5	T37	位		
6	T37	有符号		

图 5-11　状态图表

3. 创建新的状态图表

可以根据不同的监控任务，创建几个状态图表。鼠标右击项目树中的"状态图表"，执行弹出菜单中的"插入"→"图表"命令，或单击状态图表工具栏上的"插入图表"按钮，可以创建新的状态图表。

4. 启动和关闭状态图表的监控功能

启动：单击工具栏上的"图表状态"按钮，该按钮被"按下"（按钮背景变为黄色），即可启动状态图表的监控功能。在状态图表的"当前值"列将会出现从PLC中读取的连续更新的动态数据。

关闭：单击状态图表工具栏上的"图表状态"按钮，该按钮"弹起"（按钮背景变为灰色），则监视功能被关闭，当前值列显示的数据消失。

5. RUN 模式与 STOP 模式监控的区别

1）只有在 RUN 模式下可以使用状态图表和程序状态功能，连续采集变化的 PLC 数据值。在 STOP 模式不能执行上述操作。

2）只有在 RUN 模式时，程序编辑器才会用彩色显示状态值和元素，在 STOP 模式则用灰色显示。

习题五

1. 简述在梯形图中怎样划分程序段？
2. 简述在 S7-200 SMART PLC 编程软件中如何获得在线帮助功能？
3. S7-200 SMART PLC CPU 默认的 IP 地址和子网掩码分别是什么？
4. CPU 有几种工作模式？如何进行切换？
5. 简述采用程序状态监控的优点。
6. 简述 RUN 模式和 STOP 模式监控的区别。

第六章 S7-200 SMART PLC的以太网通信

S7-200 SMART PLC CPU 固件版本 V2.0 及以上可实现 CPU、编程设备和 HMI（触摸屏）之间的多种通信。

S7-200 SMART PLC 的以太网端口有很强的通信功能，除了 1 个用于与编程计算机连接外，还有 8 个用于与 HMI（人机界面）连接、8 个用于与以太网设备的主动的 GET/PUT 连接和 8 个被动的 GET/PUT 连接。上述的 25 个连接可以同时使用。

GET/PUT 连接可以用于 S7-200 SMART PLC 之间的以太网通信，也可以用于 S7-200 SMART PLC 和 S7-300/400/1200 PLC 之间的以太网通信。

第一节 以太网通信概述

S7-200 SMART PLC CPU 提供了 GET/PUT 指令，用于 S7-200 SMART PLC CPU 之间的以太网通信。GET/PUT 指令只需要在主动建立连接的 CPU 中调用执行，被动建立连接的 CPU 不需要进行通信编程。GET/PUT 指令中 TABLE 参数用于定义远程 CPU 的 IP 地址、本地 CPU 和远程 CPU 的数据区域以及通信长度，指令位置如图 6-1 所示。

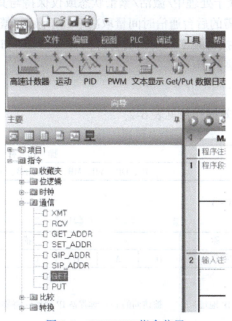

图 6-1　GET/PUT 指令位置

GET/PUT 指令具体意义见表 6-1。

表 6-1 GET/PUT 指令具体意义

梯 形 图	语 句 表	指 令 名 称
GET EN ENO TABLE	GET TABLE	网络读指令 GET 指令启动以太网端口上的通信操作，从远程设备获取数据，如说明表（TABLE）中的定义 GET 指令可从远程站读取最多 222 字节的信息
PUT EN ENO TABLE	PUT TABLE	网络写指令 PUT 指令启动以太网端口上的通信操作，将数据写入远程设备，如说明表（TABLE）中的定义 PUT 指令可向远程站写入最多 212 字节的信息

1. GET 和 PUT 指令的注意事项

1）程序中可以有任意数量的 GET 和 PUT 指令，但在同一时间最多只能激活共 16 个 GET 和 PUT 指令。例如，在给定的 CPU 中可以同时激活 8 个 GET 和 8 个 PUT 指令，或 6 个 GET 和 10 个 PUT 指令。

2）当执行 GET 或 PUT 指令时，CPU 与 GET 或 PUT 表中的远程 IP 地址建立以太网连接。该 CPU 可同时保持最多 8 个连接。连接建立后，该连接将一直保持到在 CPU 进入 STOP 模式为止。

3）针对所有与同一 IP 地址直接相连的 GET/PUT 指令，CPU 采用单一连接。例如，远程 IP 地址为 192.168.2.10，如果同时启用 3 个 GET 指令，则会在 1 个 IP 地址为 192.168.2.10 的以太网连接上按顺序执行这些 GET 指令。

4）如果尝试创建第 9 个连接（第 9 个 IP 地址），CPU 将在所有连接中搜索，查找处于未激活状态时间最长的一个连接。CPU 将断开该连接，然后再与新的 IP 地址创建连接。

5）GET 和 PUT 指令处于处理中/激活/繁忙状态或仅保持与其他设备的连接时，会需要额外的后台通信时间。所需的后台通信时间量取决于处于激活/繁忙状态的 GET 和 PUT 指令数量、GET 和 PUT 指令的执行频率以及当前打开的连接数量。如果通信性能不佳，则应当将后台通信时间调整为更高的值。

2. GET 和 PUT 指令的 TABLE 参数

GET 和 PUT 指令的有效操作数见表 6-2。

表 6-2 GET 和 PUT 指令的有效操作数

输入/输出	数据类型	操 作 数
TABLE	BYTE	IB、QB、VB、MB、SMB、SB、*VD、*LD、*AC

TABLE 参数引用见表 6-3。

表 6-3 TABLE 参数引用

字节偏移地址	名 称	描 述							
0	状态字节	D	A	E	0	E1	E2	E3	E4
1	远程站 IP 地址	被访问的 PLC 远程站 IP 地址（将要访问的数据所处 CPU 的 IP 地址）							
2									
3									
4									

(续)

字节偏移地址	名　称	描　述
5	保留 =0	必须设置为零
6	保留 =0	必须设置为零
7	指向远程站（此 CPU）中数据区的指针	存放被访问数据区（I、Q、M、V 或 DBI）的首地址
8		
9		
10		
11	数据长度	读写的字节数，远程站中将要访问的数据的字节数（PUT 为 1~212B，GET 为 1~222B）
12	指向本地站（此 CPU）中数据区的指针	存放从远程站接收的数据或存放要向远程站发送的数据（I、Q、M、V 或 DBI）的首地址
13		
14		
15		

TABLE 参数的错误代码见表 6-4。

表 6-4　TABLE 参数的错误代码

E1E2E3E4	错　误　码	说　明
0000	0	无错误
0001	1	GET/PUT 表中存在非法参数； 本地区域不包括 I、Q、M 或 V； 本地区域的大小不足以提供请求的数据长度 （对于 GET，数据长度为零或大于 222B；对于 PUT，数据长度大于 212B）； 远程区域不包括 I、Q、M 或 V； 远程 IP 地址是非法的（0.0.0.0）； 远程 IP 地址为广播地址或组播地址； 远程 IP 与本地 IP 地址相同； 远程 IP 位于不同的字网
0010	2	当前处于活动状态的 GET/PUT 指令过多（仅允许 16 个）
0011	3	无可用连接，当前所有连接都在处理未完成的请求
0100	4	从远程 CPU 返回的错误； 请求或发送的数据过多； STOP 模式下不允许对 Q 存储器执行写入操作； 存储区处于写保护状态（请参见 SDB 组态）
0101	5	与远程 CPU 之间无可用连接； 远程 CPU 之间的连接丢失（CPU 断电、物理断开）
0110~1001	6~9	未使用（保存以供将来使用）
1010~1111	A~F	

3. 以太网应用实例

假设一条生产线正在灌装黄油桶，然后传送到四台装箱机（打包机）中的一台。打包机将 8 个黄油桶装入一个纸板箱中。分流机控制黄油桶流向各个打包机。4 个 CPU 控制打包机，具有 TD 400 操作员界面的 CPU 控制分流机，如图 6-2 所示。

注：t：表示黄油桶不足，无法包装。t=1，黄油桶不足；

b：表示纸箱供应不足。b=1，必须在 30min 内增加纸箱；

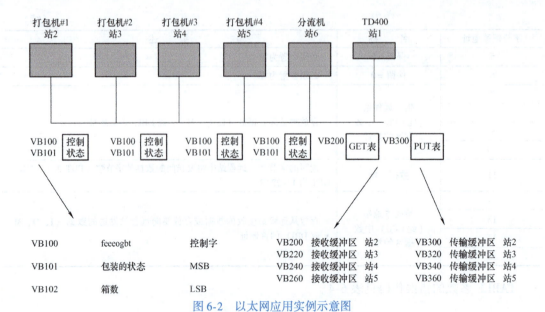

图 6-2 以太网应用实例示意图

g：表示胶水供应不足。g=1，必须在 30min 内增加胶水；

eee：标识遇到的故障类型的错误代码；

f：故障指示器，f=1，装箱机检测到错误。

表 6-5 显示访问站 2 中数据所用的 GET 表格（VB200）和 PUT 表格（VB300）。分流 CPU 使用 GET 指令连续读取来自每个装箱机的控制和状态信息。每当打包机装完 100 箱时，分流机都会注意到并通过 PUT 指令发送相应消息清除状态字。用于读取和清除打包机 1 计数的 GET 和 PUT 指令缓冲区。

表 6-5 访问站 2 中数据所用的 GET 表格（VB200）和 PUT 表格（VB300）

GET_TABLE 缓冲区	功　　能	PUT_TABLE 缓冲区	功　　能
VB200	DAE0　错误代码	VB300	DAE0　错误代码
VB201	远程站 IP 地址 =192.	VB301	远程站 IP 地址 =192.
VB202	168.	VB302	168.
VB203	50.	VB303	50.
VB204	2	VB304	2
VB205	保留 =0（必须设置为零）	VB305	保留 =0（必须设置为零）
VB206	保留 =0（必须设置为零）	VB306	保留 =0（必须设置为零）
VB207	指向远程站	VB307	指向远程站
VB208	中数据区的	VB308	中数据区的
VB209	指针 =	VB309	指针 =
VB210	(&VB100)	VB310	(&VB101)
VB211	数据长度 =3 字节	VB311	数据长度 =2 字节
VB212	指向本地站（此 CPU）	VB312	指向本地站（此 CPU）
VB213	中数据区的	VB313	中数据区的
VB214	指针 =	VB314	指针 =
VB215	(&VB216)	VB315	(&VB316)
VB216	控制	VB316	0
VB217	状态 MSB	VB317	0
VB218	状态 LSB		

在本例题中，站 2 数据紧随 PUT 和 GET 表的变化而变化。由于表中本地站的指针指向该数据，因此可将该数据置于 CPU 存储器中的任意位置（例如，VB212 ~ VB215）。部分参考程序如图 6-3 所示。

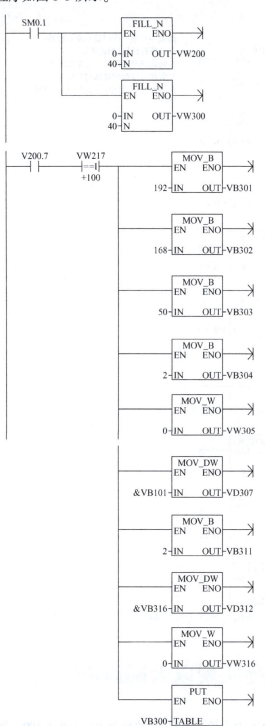

图 6-3　以太网应用实例部分参考程序

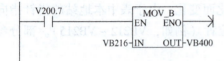

图 6-3 以太网应用实例部分参考程序（续）

第二节　通过向导实现以太网通信

如图 6-4 所示为 CPU 通信网络配置，CPU1 为主动端，其 IP 地址为 192.168.2.100，调用 GET/PUT 指令；CPU2 为被动端，其 IP 地址为 192.168.2.101，不需调用 GET/PUT 指令。通

信任务是把 CPU1 的实时时钟信息写入 CPU2 中,把 CPU2 中的实时时钟信息读写到 CPU1 中。

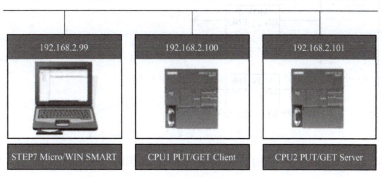

图 6-4　CPU 通信网络配置图

1. CPU1 主动端编程

CPU1 主程序中包含读取 CPU 实时时钟、初始化 GET/PUT 指令的 TABLE 参数表、调用 PUT 指令和 GET 指令等。

程序段 1:读取 CPU1 实时时钟,存储到 VB100 ~ VB107,如图 6-5 所示。

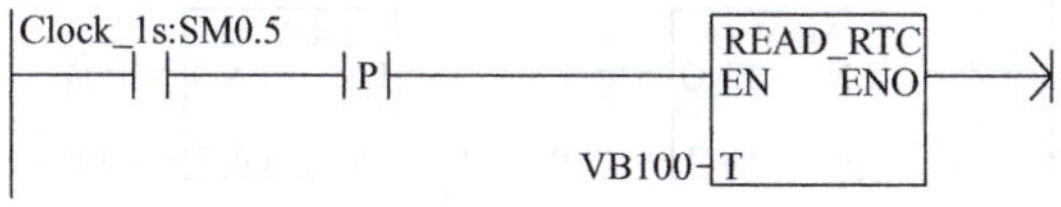

图 6-5　读取 CPU1 实时时钟

注:READ_RTC 指令用于读取 CPU 实时时钟指令,并将其存储到从字节地址 T 开始的 8 字节时间缓冲区中,数据格式为 BCD 码。

程序段 2:定义 PUT 指令 TABLE 参数表,用于将 CPU1 的 VB100 ~ VB107 传输到远程 CPU2 的 VB0 ~ VB7 中,如图 6-6 所示。

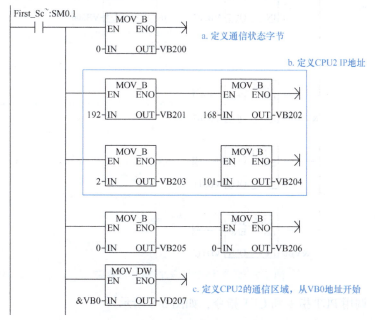

图 6-6　定义 PUT 指令 TABLE 参数表

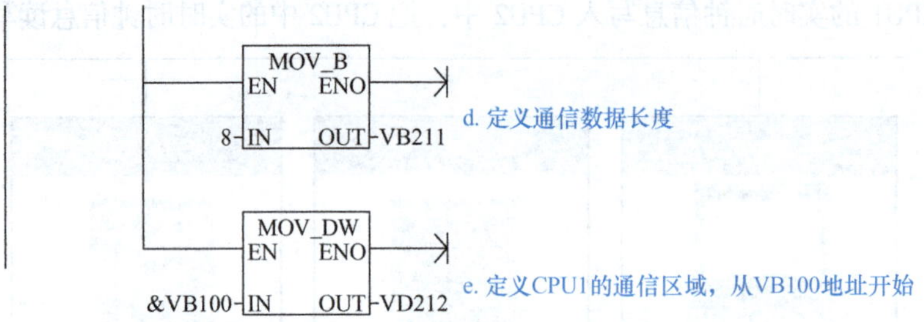

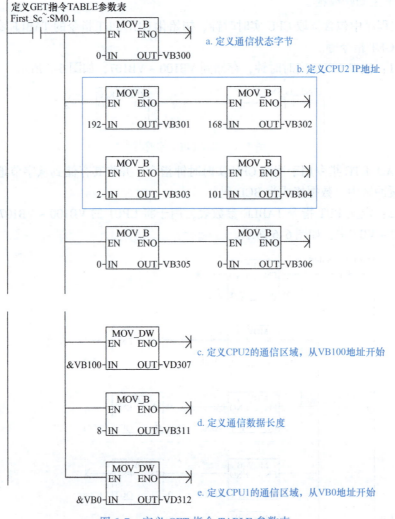

图 6-6 定义 PUT 指令 TABLE 参数表（续）

程序段 3：定义 GET 指令 TABLE 参数表，用于将远程 CPU2 的 VB100 ~ VB107 读取到 CPU1 的 VB0 ~ VB7 中，如图 6-7 所示。

图 6-7 定义 GET 指令 TABLE 参数表

程序段 4：调用 PUT 指令和 GET 指令，如图 6-8 所示。

2. CPU2 被动端编程

CPU2 的主程序只需包含一条语句，该语句用于读取 CPU2 的实时时钟，并存储到 VB100～VB107，如图 6-9 所示。

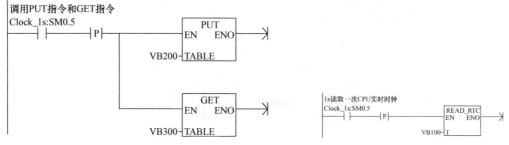

图 6-8　调用 PUT 指令和 GET 指令　　　　　图 6-9　读取 CPU2 实时时钟

第三节　通过指令编程实现以太网通信

在 STEP 7 Micro/WIN SMART "工具" 菜单的 "向导" 区域单击 "Get/Put" 按钮，启动 Get/Put 向导（见图 6-10）。

图 6-10　启动 Get/Put 向导

1）在弹出的 "Get/Put 向导" 界面中添加操作步骤名称及注释（见图 6-11）。

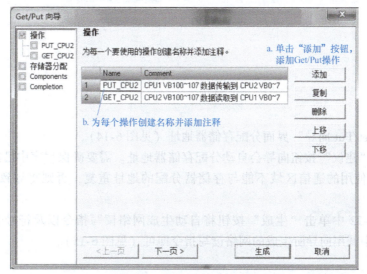

图 6-11　添加 Get/Put 操作

2）定义 Get/Put 操作（见图 6-12 和图 6-13）。

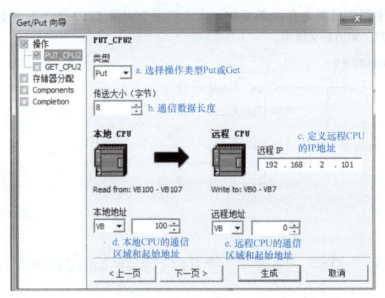

图 6-12　定义 Put 操作

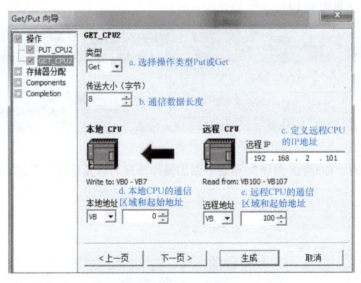

图 6-13　定义 Get 操作

3）在"Get/Put 向导"界面分配存储器地址（见图 6-14）。

注：单击"建议"按钮向导会自动分配存储器地址。需要确保程序中已经占用的地址、Get/Put 向导中使用的通信区域不能与存储器分配的地址重复，否则将导致程序不能正常工作。

4）在图 6-12 中单击"生成"按钮将自动生成网络读写指令以及符号表。在使用时，只须在主程序中调用向导所生成的网络读写指令即可（见图 6-15）。

2. CPU2 被动端编程

CPU2 的主程序只需包含一条语句,该语句用于读取 CPU2 的实时时钟,并存储到 VB100 ~ VB107,如图 6-9 所示。

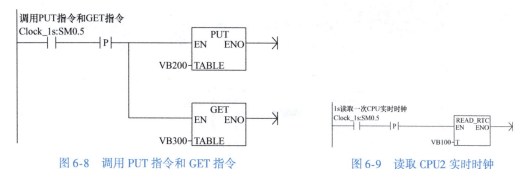

图 6-8　调用 PUT 指令和 GET 指令　　　　　　图 6-9　读取 CPU2 实时时钟

第三节　通过指令编程实现以太网通信

在 STEP 7 Micro/WIN SMART "工具"菜单的"向导"区域单击"Get/Put"按钮,启动 Get/Put 向导(见图 6-10)。

图 6-10　启动 Get/Put 向导

1)在弹出的"Get/Put 向导"界面中添加操作步骤名称及注释(见图 6-11)。

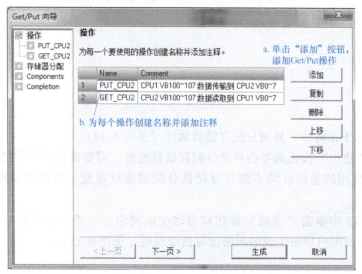

图 6-11　添加 Get/Put 操作

2）定义 Get/Put 操作（见图 6-12 和图 6-13）。

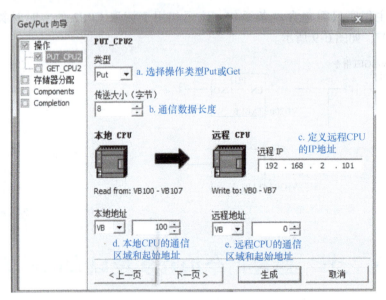

图 6-12　定义 Put 操作

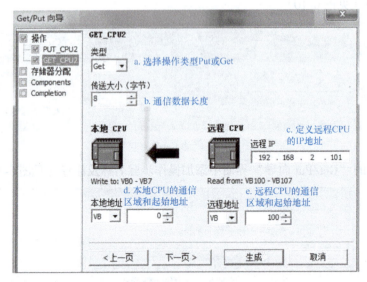

图 6-13　定义 Get 操作

3）在"Get/Put 向导"界面分配存储器地址（见图 6-14）。

注：单击"建议"按钮向导会自动分配存储器地址。需要确保程序中已经占用的地址、Get/Put 向导中使用的通信区域不能与存储器分配的地址重复，否则将导致程序不能正常工作。

4）在图 6-12 中单击"生成"按钮将自动生成网络读写指令以及符号表。在使用时，只须在主程序中调用向导所生成的网络读写指令即可（见图 6-15）。

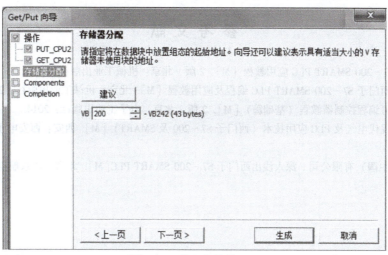

图 6-14　分配存储器地址

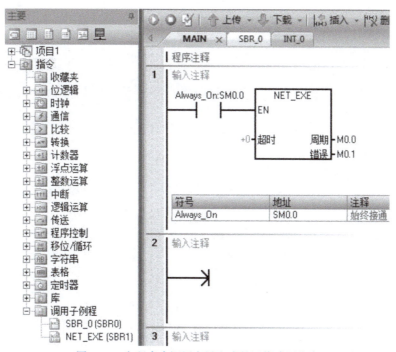

图 6-15　主程序中调用向导生成的网络读写指令

习题六

1. S7-200 SMART PLC CPU 在同一时刻能否对同一个远程 CPU 调用多于 8 个的 GET/PUT 指令？

2. S7-200 SMART PLC CPU 标准型和紧凑型产品是否都支持 GET/PUT 通信？

3. S7-200 SMART PLC CPU 以太网通信端口支持哪些通信协议，是否支持 TCP、UDP 和 ISO on TCP 等开放式用户通信或 Modbus TCP 通信？

参 考 文 献

[1] 廖常初. S7-200 SMART PLC 应用教程 [M]. 2 版. 北京：机械工业出版社，2019.
[2] 侍寿永. 西门子 S7-200 SMART PLC 编程及应用教程 [M]. 北京：机械工业出版社，2016.
[3] 胡学林. 可编程控制器教程（基础篇）[M]. 2 版. 北京：电子工业出版社，2014.
[4] 童克波. 现代电气及 PLC 应用技术（西门子 S7-200 及 SMART）[M]. 西安：西安电子科技大学出版社，2019.
[5] 西门子（中国）有限公司. 深入浅出西门子 S7-200 SMART PLC[M]. 北京：北京航空航天大学出版社，2015.

高等职业教育机电类专业系列教材

PLC应用技术
——西门子S7-200 SMART
实训项目

主　编　范平平
副主编　侯　雪　李良君
参　编　李云梅　赵洪洁　于　玲
主　审　韩志国

机械工业出版社

目　录

实训项目一　　PLC 认知实训 ··· 1
实训项目二　　数码显示控制 ··· 5
实训项目三　　抢答器控制 ··· 8
实训项目四　　音乐喷泉控制 ··· 11
实训项目五　　装配流水线控制 ·· 13
实训项目六　　十字路口交通灯控制 ·· 15
实训项目七　　水塔水位控制 ··· 17
实训项目八　　天塔之光控制 ··· 20
实训项目九　　自动配料装车系统控制 ···································· 22
实训项目十　　四节传送带控制 ·· 25
实训项目十一　　多种液体混合装置控制 ································· 27
实训项目十二　　自动售货机控制 ··· 30
实训项目十三　　自控轧钢机控制 ··· 33
实训项目十四　　邮件分拣机控制 ··· 36
实训项目十五　　自控成型机控制 ··· 39
实训项目十六　　机械手控制 ··· 42
实训项目十七　　加工中心控制 ·· 45
实训项目十八　　三层电梯控制 ·· 49
实训项目十九　　直线运动位置检测、定位控制 ························ 53
实训项目二十　　步进电动机控制 ··· 56
实训项目二十一　　直流电动机控制 ·· 59

实训项目一　PLC认知实训

一、实训目的
1）了解PLC软硬件结构及系统组成。
2）掌握PLC外围直流控制及负载线路的接法及上位计算机与PLC通信的参数设置。

二、实训设备
设备清单见表1-1。

表1-1　设备清单

序　号	名　　称	型号与规格	数　量	备　注
1	可编程序控制器实训装置	THPFSM－1/2	1	
2	实训导线	3号	若干	
3	计算机		1	

三、PLC外形图
S7－200 SMART PLC外形图如图1-1所示。

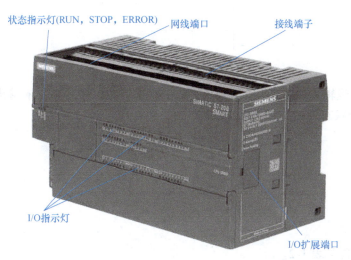

图1-1　S7－200 SMART PLC外形图

四、控制要求
1）认知西门子S7－200 SMART系列PLC的硬件结构，详细记录其各硬件部件的结构及作用。
2）打开编程软件，编译基本的与、或、非程序段，并下载至PLC中。
3）能正确完成PLC端子与开关、指示灯接线端子之间的连接操作。
4）拨动K0、K1，指示灯能正确显示。

五、功能指令使用

常用位逻辑指令的使用如下。

（1）标准触点　常开触点指令（LD、A 和 O）与常闭触点指令（LDN、AN、ON）从存储器或过程映像寄存器中得到参考值。当该位为 1 时，常开触点闭合；当该位为 0 时，常闭触点闭合。

（2）输出　输出指令（=）将新值写入输出点的过程映像寄存器。当输出指令执行时，S7–200 SMART PLC 将输出过程映像寄存器中的位接通或断开。

（3）"与"逻辑　如图 1-2 所示：I0.0、I0.1 状态均为 1 时，Q0.0 有输出；当 I0.0、I0.1 两者有任何一个状态为 0，Q0.0 输出立即为 0。

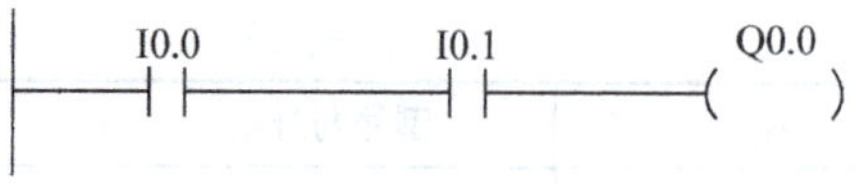

图 1-2　"与"逻辑

（4）"或"逻辑　如图 1-3 所示：I0.0、I0.1 状态有任意一个为 1 时，Q0.1 即有输出；当 I0.0、I0.1 状态均为 0 时，Q0.1 输出为 0。

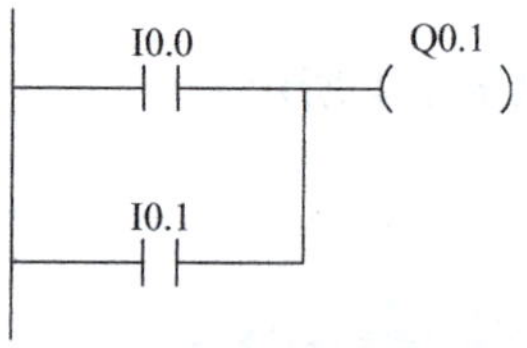

图 1-3　"或"逻辑

（5）"非"逻辑　如图 1-4 所示 I0.0、I0.1 状态均为 0 时，Q0.2 有输出；当 I0.0、I0.1 两者有任何一个状态为 1，Q0.2 输出立即为 0。

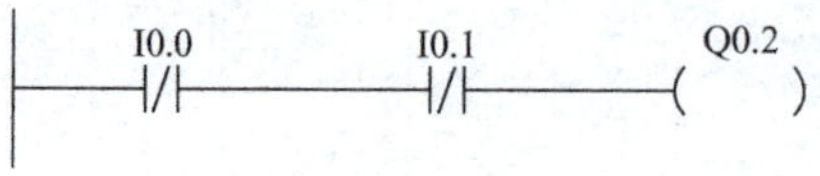

图 1-4　"非"逻辑

六、端口分配

I/O 端口分配见表 1-2。

表 1-2　I/O 端口分配

序号	PLC 地址 （PLC 端子）	电气符号 （面板端子）	功能说明
1	I0.0	K0	常开触点 01
2	I0.1	K1	常开触点 02
3	Q0.0	L0	"与"逻辑输出指示
4	Q0.1	L1	"或"逻辑输出指示
5	Q0.2	L2	"非"逻辑输出指示

(续)

序 号	PLC 地址 (PLC 端子)	电气符号 (面板端子)	功 能 说 明
6	主机 1M、面板 V + 接电源 +24V		电源正端
7	主机 1L、面板 COM 接电源 GND		电源地端

七、接线图

接线图如图 1-5 所示。

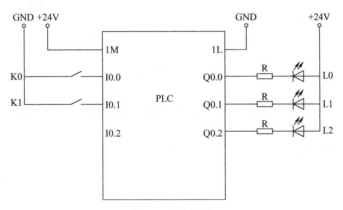

图 1-5　接线图

八、操作步骤

1）将上位计算机与 PLC 用网线进行连接。

2）输入程序。

3）打开软件，双击"通信"，通信图标如图 1-6 所示。

图 1-6　通信图标

在弹出的对话框中单击"查找 CPU"，如图 1-7 所示。

选中查找到的 IP 地址，单击"确定"按钮，或者选中后单击"闪烁指示灯"，对应 IP 地址的 CPU 指示灯闪烁，则通信成功。IP 地址如图 1-8 所示。

4）编译实训程序，确认无误后，单击 下载 ，将程序下载至 PLC 中，下载完毕后，将 PLC "RUN/STOP" 转换至 "RUN" 状态。

5）将 K0、K1 均拨至 OFF 状态，观察记录 L0 指示灯点亮状态。

6）将 K0 拨至 ON 状态，将 K1 拨至 OFF 状态，观察记录 L1 指示灯点亮状态。

7）将 K0、K1 均拨至 ON 状态，观察记录 L2 指示灯点亮状态。

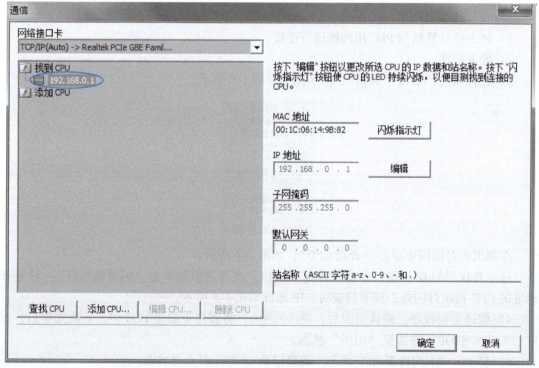

图1-7 "通信"窗口

图1-8 IP地址

实训项目二　数码显示控制

一、实训目的

1）掌握段码指令的使用及编程方法。
2）掌握 LED 数码显示管控制系统的接线、调试、操作方法。

二、实训设备

设备清单见表 2-1。

表 2-1　设备清单

序　号	名　　称	型号与规格	数　量	备　注
1	可编程序控制器实训装置	THPFSM-1/2	1	
2	实训导线	3 号	若干	
3	计算机（带编程软件）		1	

三、面板图

面板图如图 2-1 所示。

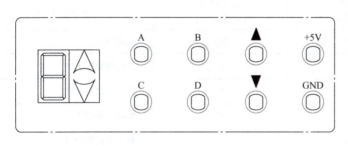
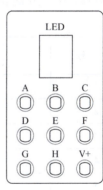

a) 硬件模式一　　　　b) 硬件模式二

图 2-1　面板图

四、控制要求

1）硬件模式一：置位起动开关 K0 为 ON 时，LED 数码显示管依次循环显示 0、1、2、3、…、9。
2）硬件模式二：置位起动开关 K0 为 ON 时，LED 数码显示管依次循环显示 0、1、2、3、…、9、A、B、C…F。
3）置位停止开关 K0 为 OFF 时，LED 数码显示管停止显示，系统停止工作。

五、功能指令的使用

段码指令如图 2-2 所示。

图 2-2 段码指令

段码指令将 IN 中指定的字符（字节）转换生成一个点阵并存入 OUT 指定的变量中；如图 2-2 所示，当在 IN 处写入 2 时，输出端 OUT 指定的变量 QB0 中的值为 0101 1011；当在 IN 处写入 5 时，输出端 OUT 指定的变量 QB0 中的值为 0110 1101。段码转换表见表 2-2。

表 2-2 段码转换表

输入	输出	输入	输出	输入	输出	输入	输出
0	0011 1111	4	0110 0110	8	0111 1111	C	0011 1001
1	0000 0110	5	0110 1101	9	0110 0111	D	0101 1110
2	0101 1011	6	0111 1101	A	0111 0111	E	0111 1001
3	0100 1111	7	0000 0111	B	0111 1100	F	0111 0001

六、端口分配

I/O 端口分配功能表见表 2-3。

表 2-3 I/O 端口分配功能表

序 号	PLC 地址（PLC 端子）	电气符号（面板端子）	功 能 说 明
1	I0.0	K0	起动/停止
2	Q0.0	A	数码控制端子 A
3	Q0.1	B	数码控制端子 B
4	Q0.2	C	数码控制端子 C
5	Q0.3	D	数码控制端子 D
6	Q0.4	E	数码控制端子 E（硬件模式二）
7	Q0.5	F	数码控制端子 F（硬件模式二）
8	Q0.6	G	数码控制端子 G（硬件模式二）
9	Q0.7	H	数码控制端子 H（硬件模式二）
10	主机输入 1M 接电源 +24V；模式一：面板 +5V 接电源 +5V，模式二：面板 V + 接电源 +24V		电源正端
11	主机 1L、2L、面板 COM 接电源 GND		电源地端

七、接线图

硬件模式一、二接线图如图 2-3 和图 2-4 所示。

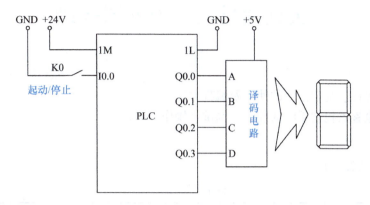

图 2-3 硬件模式一接线图

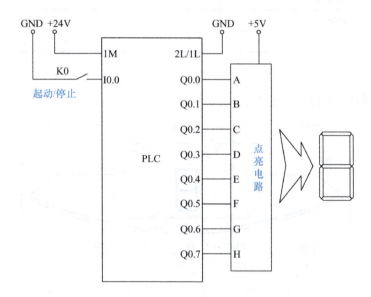

图 2-4 硬件模式二接线图

八、操作步骤

1) 检查实训设备中器材及调试程序。

2) 按照 I/O 端口分配表或接线图完成 PLC 与实训模块之间的接线，认真检查，确保正确无误。

3) 打开示例程序或用户自己编写的控制程序，进行编译，有错误时根据提示信息修改程序，直至无误，用 TCP/IP 网线连接计算机与 PLC 网线口，打开 PLC 主机电源开关，下载程序至 PLC 中，下载完毕后，将 PLC 的 "RUN/STOP" 转换至 "RUN" 状态。

4) 分别拨动起动开关 K0，观察并记录 LED 数码显示管的显示状态。

5) 尝试编译新的控制程序，实现不同于示例程序的控制效果。

实训项目三　抢答器控制

一、实训目的

1）掌握置位、复位指令的使用及编程方法。
2）掌握抢答器控制系统的接线、调试、操作方法。

二、实训设备

设备清单见表3-1。

表3-1　设备清单

序号	名称	型号与规格	数量	备注
1	可编程序控制器实训装置	THPFSM-1/2	1	
2	实训挂箱	A10	1	
3	实训导线	3号	若干	
4	计算机		1	

三、面板图

抢答器控制系统面板图如图3-1所示。

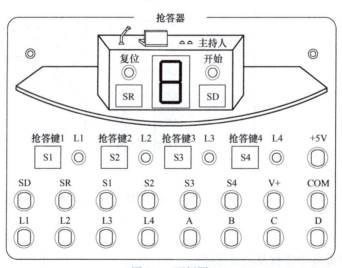

图3-1　面板图

四、控制要求

1）系统初始上电后,主持人在总控制台上单击"开始"按键后,允许各队人员开始抢答,即各队抢答按键有效。

2）抢答过程中,1~4队中的任何一队抢先按下各自的抢答按键(S1、S2、S3、S4)后,该队指示灯(L1、L2、L3、L4)点亮,LED数码显示系统显示当前的队号,并且其他队的人员继续抢答无效。

3）主持人对抢答状态确认后，单击"复位"按键，系统又继续允许各队人员开始抢答；直至又有一队抢先按下各自的抢答按键。

五、功能指令的使用

调用抢答子程序如图 3-2 所示。当 I0.0 有一个上升沿信号时，CPU 置位 V0.0。

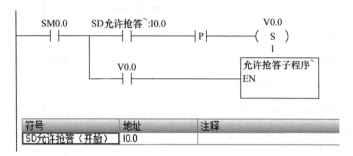

图 3-2　调用抢答子程序

六、I/O 端口分配

I/O 端口分配见表 3-2。

表 3-2　I/O 端口分配

序　号	PLC 地址（PLC 端子）	电气符号（面板端子）	功　能　说　明
1	I0.0	SD	起动
2	I0.1	SR	复位
3	I0.2	S1	1 队抢答
4	I0.3	S2	2 队抢答
5	I0.4	S3	3 队抢答
6	I0.5	S4	4 队抢答
7	Q0.0	1	1 队抢答显示
8	Q0.1	2	2 队抢答显示
9	Q0.2	3	3 队抢答显示
10	Q0.3	4	4 队抢答显示
11	Q0.4	A	数码控制端子 A
12	Q0.5	B	数码控制端子 B
13	Q0.6	C	数码控制端子 C
14	Q0.7	D	数码控制端子 D
15	主机输入 1M 接电源 +24V；面板 V+ 接电源 +24V；面板 +5V 接电源 +5V		电源正端
16	主机 2L/1L、面板 COM 接电源 GND		电源地端

七、接线图

接线图如图 3-3 所示。

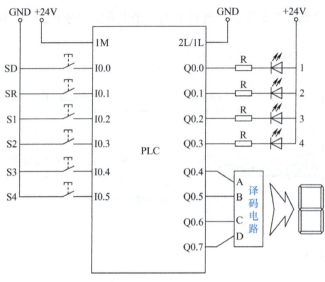

图 3-3 接线图

八、操作步骤

1）检查实训设备中器材并调试程序。

2）按照 I/O 端口分配表或接线图完成 PLC 与实训模块之间的接线，认真检查，确保正确无误。

3）打开示例程序或用户自己编写的控制程序，进行编译，有错误时根据提示信息修改程序，直至无误，用 TCP/IP 网线连接计算机与 PLC 网线口，打开 PLC 主机电源开关，下载程序至 PLC 中，下载完毕后，将 PLC 的"RUN/STOP"转换至"RUN"状态。

4）单击"开始"按键，允许 1~4 队抢答。分别按下 S1~S4 按钮，模拟 4 个队进行抢答，观察并记录系统响应情况。

5）尝试编译新的控制程序，实现不同于示例程序的控制效果。

实训项目四 音乐喷泉控制

一、实训目的

掌握置位字右移指令的使用及编程方法。

二、实训设备

设备清单见表4-1。

表4-1 设备清单

序号	名称	型号与规格	数量	备注
1	可编程序控制器实训装置	THPFSM－1/2	1	
2	实训挂箱	A10	1	
3	实训导线	3号	若干	
4	计算机		1	

三、面板图

音乐喷泉控制面板图如图4-1所示。

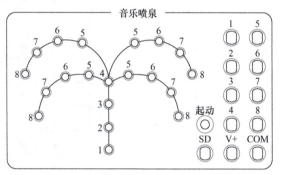

图4-1 面板图

四、控制要求

1）置位起动开关 SD 为 ON 时，LED 指示灯依次循环显示 1→2→3…→8→1、2→3、4→5、6→7、8→1、2、3→4、5、6→7、8→1→2…，模拟当前喷泉"水流"状态。

2）置位起动开关 SD 为 OFF 时，LED 指示灯停止显示，系统停止工作。

五、I/O 端口分配

I/O 端口分配见表4-2。

表4-2 I/O 端口分配表

序号	PLC 地址 （PLC 端子）	电气符号 （面板端子）	功能说明
1	I0.0	SD	起动
2	Q0.0	1	喷泉1模拟指示灯

（续）

序　号	PLC 地址 （PLC 端子）	电气符号 （面板端子）	功能说明
3	Q0.1	2	喷泉 2 模拟指示灯
4	Q0.2	3	喷泉 3 模拟指示灯
5	Q0.3	4	喷泉 4 模拟指示灯
6	Q0.4	5	喷泉 5 模拟指示灯
7	Q0.5	6	喷泉 6 模拟指示灯
8	Q0.6	7	喷泉 7 模拟指示灯
9	Q0.7	8	喷泉 8 模拟指示灯
10	主机输入 1M 接电源 +24V		电源正端
11	主机 2L/1L、面板 COM 接电源 GND		电源地端

六、接线图

接线图 4-2 所示。

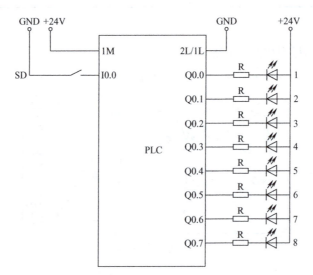

图 4-2　接线图

七、操作步骤

1）检查实训设备中器材并调试程序。

2）按照 I/O 端口分配表或接线图完成 PLC 与实训模块之间的接线，认真检查，确保正确无误。

3）打开示例程序或用户自己编写的控制程序，进行编译，有错误时根据提示信息修改程序，直至无误，用 TCP/IP 网线连接计算机与 PLC 网线口，打开 PLC 主机电源开关，下载程序至 PLC 中，下载完毕后，将 PLC 的"RUN/STOP"转换至"RUN"状态。

4）拨动起动开关 SD 为 ON 状态，观察并记录喷泉"水流"状态。

5）尝试编译新的控制程序，实现不同于示例程序的控制效果。

实训项目五　装配流水线控制

一、实训目的
1）掌握移位寄存器指令的使用及编程方法。
2）掌握装配流水线控制系统的接线、调试、操作方法。

二、实训设备
设备清单见表 5-1。

表 5-1　设备清单

序　号	名　　称	型号与规格	数　量	备　注
1	可编程序控制器实训装置	THPFSM－1/2	1	
2	实训挂箱	A11	1	
3	导线	3 号	若干	
4	计算机（带编程软件）		1	

三、面板图
装配流水线控制面板图如图 5-1 所示。

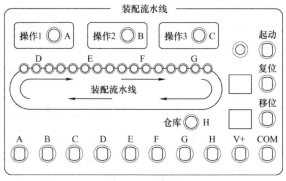

图 5-1　面板图

四、控制要求
1）总体控制要求：如面板图 5-1 所示，系统中的操作工位 A、B、C，运料工位 D、E、F、G 及仓库操作工位 H 能对工件进行循环处理。

2）闭合"起动"开关，工件经过传送工位 D 送至操作工位 A，在此工位完成加工后再由传送工位 E 送至操作工位 B……，依次传送及加工，直至工件被送至仓库操作工位 H，由该工位完成对工件的入库操作，循环处理。

3）断开"起动"开关，系统加工完最后一个工件并入库后，自动停止工作。

4）按"复位"键，无论此时工件位于什么工位，系统均能复位至起始状态，即工件又重新从传送工位 D 处开始运送并加工。

5）按"移位"键，无论此时工件位于什么工位，系统均能进入单步移位状态，即每按一次"移位"键，工件前进一个工位。

五、I/O 端口分配
I/O 端口分配见表 5-2。

表 5-2　I/O 端口分配

序　号	PLC 地址（PLC 端子）	电气符号（面板端子）	功　能　说　明
1	I0.0	SD	起动（SD）
2	I0.1	RS	复位（RS）
3	I0.2	ME	移位（ME）
4	Q0.0	A	工位 A 动作
5	Q0.1	B	工位 B 动作
6	Q0.2	C	工位 C 动作
7	Q0.3	D	运料工位 D 动作
8	Q0.4	E	运料工位 E 动作
9	Q0.5	F	运料工位 F 动作
10	Q0.6	G	运料工位 G 动作
11	Q0.7	H	仓库操作工位 H 动作
12	主机 1M、面板 V+接电源+24V		电源正端
13	主机 1L、2L、面板 COM 接电源 GND		电源地端

六、接线图

接线图如图 5-2 所示。

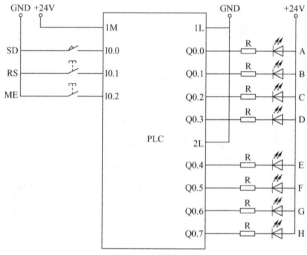

图 5-2　接线图

七、操作步骤

1）检查实训设备中器材及调试程序。

2）按照 I/O 端口分配表或接线图完成 PLC 与实训模块之间的接线，认真检查，确保正确无误。

3）打开示例程序或用户自己编写的控制程序，进行编译，有错误时根据提示信息修改程序，直至无误，用 TCP/IP 网线连接计算机与 PLC 网线口，打开 PLC 主机电源开关，下载程序至 PLC 中，下载完毕后，将 PLC 的"RUN/STOP"转换至"RUN"状态。

4）按下"起动"按钮后，系统进入自动运行状态，调试装配流水线控制程序并观察自动运行模式下的工作状态。

5）按"复位"键，观察系统响应情况。

6）按"移位"键，系统进入单步运行状态，连续按"移位"键，调试装配流水线控制程序并观察单步移位模式下的工作状态。

实训项目六　十字路口交通灯控制

一、实训目的
1）掌握字节左移指令的使用及编程方法。
2）掌握十字路口交通灯控制系统的接线、调试、操作方法。

二、实训设备
设备清单见表 6-1。

表 6-1　设备清单

序　号	名　　称	型号与规格	数　量	备　注
1	可编程序控制器实训装置	THPFSM – 1/2	1	
2	实训挂箱	A11	1	
3	实训导线	3 号	若干	
4	计算机		1	

三、面板图
十字路口交通灯控制面板图如图 6-1 所示。

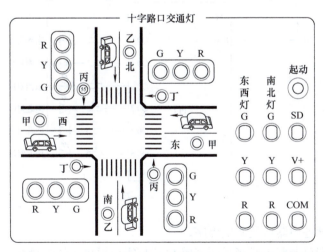

图 6-1　面板图

四、控制要求
控制要求如图 6-2 所示。

五、I/O 端口分配
I/O 端口分配见表 6-2。

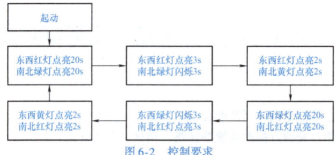

图 6-2　控制要求

表 6-2　I/O 端口分配

序　号	PLC 地址（PLC 端子）	电气符号（面板端子）	功　能　说　明
1	I0.0	SD	起动
2	Q0.0	东西灯 G	
3	Q0.1	东西灯 Y	
4	Q0.2	东西灯 R	
5	Q0.3	南北灯 G	
6	Q0.4	南北灯 Y	
7	Q0.5	南北灯 R	
8	主机输入 1M、面板 V + 接电源 +24V		电源正端
9	主机 2L/1L、面板 COM 接电源 GND		电源地端

六、接线图

接线图如图 6-3 所示。

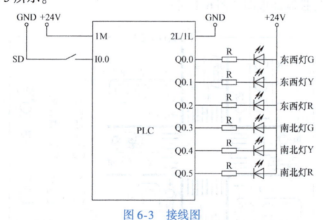

图 6-3　接线图

七、操作步骤

1）检查实训设备中器材及调试程序。

2）按照 I/O 端口分配表或接线图完成 PLC 与实训模块之间的接线，认真检查，确保正确无误。

3）打开示例程序或用户自己编写的控制程序，进行编译，有错误时根据提示信息修改程序，直至无误，用 TCP/IP 网线连接计算机与 PLC 网线口，打开 PLC 主机电源开关，下载程序至 PLC 中，下载完毕后，将 PLC 的"RUN/STOP"转换至"RUN"状态。

4）拨动起动开关 SD 为 ON 状态，观察并记录东西、南北方向指示灯及各方向人行道指示灯点亮状态。

5）尝试编译新的控制程序，实现不同于示例程序的控制效果。

实训项目七　水塔水位控制

一、实训目的
1）掌握较复杂逻辑程序的编写方法。
2）掌握水塔水位控制系统的接线、调试、操作方法。

二、实训设备
设备清单见表 7-1。

表 7-1　设备清单

序　号	名　　称	型号与规格	数　量	备　注
1	可编程序控制器实训装置	THPFSM－1/2	1	
2	实训挂箱	A12	1	
3	实训导线	3 号	若干	
4	计算机		1	

三、面板图
水塔水位控制面板图如图 7-1 所示。

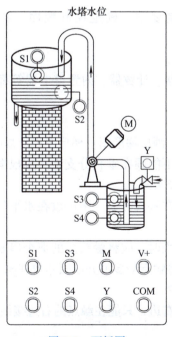

图 7-1　面板图

四、控制要求

1）各限位开关定义如下：

S1 定义为水塔水位上部传感器（ON：液面已到水塔上限位，OFF：液面未到水塔上限位）；

S2 定义为水塔水位下部传感器（ON：液面已到水塔下限位，OFF：液面未到水塔下限位）；

S3 定义为水池水位上部传感器（ON：液面已到水池上限位，OFF：液面未到水池上限位）；

S4 定义为水池水位下部传感器（ON：液面已到水池下限位，OFF：液面未到水池下限位）。

2）当水位低于 S4 时，阀 Y 开启，系统开始向水池中注水，5s 后如果水池中的水位还未达到 S4，则 Y 指示灯闪亮，系统报警。

3）当水池中的水位高于 S3、水塔中的水位低于 S2，则电动机 M 开始运转，水泵开始由水池向水塔中抽水。

4）当水塔中的水位高于 S1 时，电动机 M 停止运转，水泵停止向水塔抽水。

五、功能指令的使用

在编写较复杂逻辑程序时，应遵循以下原则及顺序。

1）确定系统所需的动作及次序。

第一步是设定系统输入及输出数目，可由系统的输入及输出分立元器件数目直接取得。

第二步是根据系统的控制要求，确定控制顺序、各元器件相应关系以及做何种反应。

2）将输入及输出器件编号。

每一输入和输出包括定时器、计数器、内置继电器等都有一个唯一的对应编号，不能混用。

3）画出梯形图。

根据控制系统的动作要求，画出梯形图。梯形图设计规则如下：

① 触点应画在水平线上，不能画在垂直分支上。应根据自左至右、自上而下的原则和对输出线圈的几种可能控制路径来画。

② 不包含触点的分支应放在垂直方向，不可放在水平位置，以便于识别触点的组合和对输出线圈的控制路径。

③ 当有几个串联回路相并联时，应将触头多的那个串联回路放在梯形图的最上面。当有几个并联回路相串联时，应将触点最多的并联回路放在梯形图的最左面。根据这种安排所编制的程序简洁明了，语句较少。

④ 不能将触点画在线圈的右边，只能在触点的右边接线圈。

六、I/O 端口分配

I/O 端口分配见表 7-2。

表 7-2 I/O 端口分配

序号	PLC 地址 （PLC 端子）	电气符号 （面板端子）	功能说明
1	I0.0	S1	水塔水位上限位
2	I0.1	S2	水塔水位下限位
3	I0.2	S3	水池水位上限位
4	I0.3	S4	水池水位下限位
5	Q0.0	M	抽水电动机
6	Q0.1	Y	进水阀门
7	主机输入 1M 接电源 +24V；		电源正端
8	主机 2L/1L、面板 COM 接电源 GND		电源地端

七、接线图

接线图如图 7-2 所示。

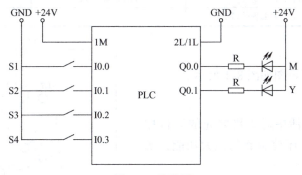

图 7-2 接线图

八、操作步骤

1）检查实训设备中器材及调试程序。

2）按照 I/O 端口分配表或接线图完成 PLC 与实训模块之间的接线，认真检查，确保正确无误。

3）打开示例程序或用户自己编写的控制程序，进行编译，有错误时根据提示信息修改程序，直至无误，用 TCP/IP 网线连接计算机与 PLC 网线口，打开 PLC 主机电源开关，下载程序至 PLC 中，下载完毕后，将 PLC 的 "RUN/STOP" 转换至 "RUN" 状态。

4）将各限位开关拨至以下状态：S1 = 0、S2 = 0、S3 = 0、S4 = 0，观察阀门 Y 的状态，5s 后如果 S4 仍然未拨至 ON 状态，观察阀门 Y 的状态。

5）将 S4 拨至 ON，观察抽水电动机 M 状态；继而将 S1 拨至 ON，观察抽水电动机 M 状态。

6）尝试编译新的控制程序，实现不同于示例程序的控制效果。

实训项目八 天塔之光控制

一、实训目的

1) 掌握移位指令的使用及编程方法。
2) 掌握天塔之光控制系统的接线、调试、操作方法。

二、实训设备

设备清单见表8-1。

表 8-1 设备清单

序 号	名 称	型号与规格	数 量	备 注
1	实训装置	THPFSM-1/2	1	
2	实训挂箱	A12	1	
3	导线	3号	若干	
4	实训指导书	THPFSM-1/2	1	
5	计算机（带编程软件）		1	

三、面板图

天塔之光控制面板图如图8-1所示。

四、控制要求

1) 依据实际生活中对天塔之光的运行控制要求，运用可编程序控制器的强大功能，实现模拟控制。

2) 打开"起动"开关，指示灯按以下规律循环显示：L1→L2→L3→L4→L5→L6→L7→L8→L1→L2、L3、L4→L5、L6、L7、L8→L1→L2、L3、L4→L5、L6、L7、L8→L1→L2、L3、L4→L5、L6、L7、L8→L1→L1、L2→L1、L3、L4→L5、L6、L7、L8→L1→L1、L2→L1、L3→L1、L4→L1、L5→L1、L6→L1、L7→L1、L8→L1、L2、L3、L7→L1、L4、L6→L1、L2、L3、L4→L1、L5、L6、L7、L8、→L1、L2、L3、L4、L5、L6、L7、L8→L1。

3) 关闭"起动"开关，天塔之光控制系统停止运行。

五、I/O 端口分配

I/O 端口分配见表8-2。

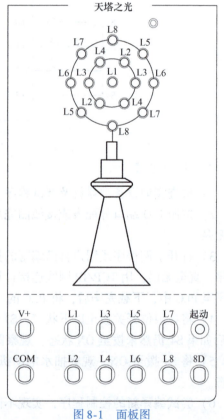

图 8-1 面板图

表 8-2　I/O 端口分配

序　号	PLC 地址 （PLC 端子）	电气符号 （面板端子）	功　能　说　明
1	I0.0	SD	起动（SD）
2	Q0.0	L1	指示灯 L1
3	Q0.1	L2	指示灯 L2
4	Q0.2	L3	指示灯 L3
5	Q0.3	L4	指示灯 L4
6	Q0.4	L5	指示灯 L5
7	Q0.5	L6	指示灯 L6
8	Q0.6	L7	指示灯 L7
9	Q0.7	L8	指示灯 L8
10	主机 1M、面板 V + 接电源 +24V		电源正端
11	主机 1L、2L、面板 COM 接电源 GND		电源地端

六、接线图

接线图如图 8-2 所示。

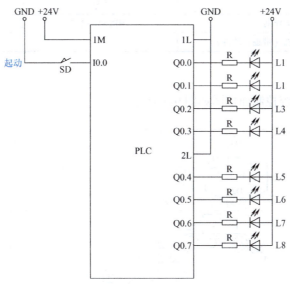

图 8-2　接线图

七、操作步骤

1）检查实训设备中器材及调试程序。

2）按照 I/O 端口分配表或接线图完成 PLC 与实训模块之间的接线，认真检查，确保正确无误。

3）打开示例程序或用户自己编写的控制程序，进行编译，有错误时根据提示信息修改程序，直至无误，用 TCP/IP 网线连接计算机与 PLC 网线口，打开 PLC 主机电源开关，下载程序至 PLC 中，下载完毕后，将 PLC 的"RUN/STOP"转换至"RUN"状态。

4）打开"起动"开关，系统进入自动运行状态，调试天塔之光控制程序并观察指示灯工作状态。

5）关闭"起动"开关，系统停止运行。

实训项目九　自动配料装车系统控制

一、实训目的

1) 掌握加/减计数器指令的使用及编程方法。
2) 掌握自动配料装车控制系统的接线、调试、操作方法。

二、实训设备

设备清单见表9-1。

表9-1　设备清单

序号	名称	型号与规格	数量	备注
1	实训装置	THPFSM－1/2	1	
2	实训挂箱	A13	1	
3	导线	3号	若干	
4	实训指导书	THPFSM－1/2	1	
5	计算机（带编程软件）		1	

三、面板图

自动配料装车系统控制面板图如图9-1所示。

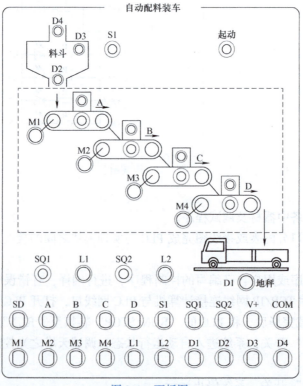

图9-1　面板图

四、控制要求

1）总体控制要求：如面板图 9-1 所示，系统由料斗、传送带、检测系统组成。配料装置能自动识别货车到位情况及对货车进行自动配料，当车装满时，配料系统自动停止配料。料斗物料不足时停止配料并自动进料。

2）打开"起动"开关，红灯 L2 灭，绿灯 L1 亮，表明允许汽车开进装料。料斗出料口 D2 关闭，若物料检测传感器 S1 置为 OFF（料斗中的物料不满），进料阀开启进料（D4 亮）。当 S1 置为 ON（料斗中的物料已满）时，则停止进料（D4 灭）。电动机 M1、M2、M3 和 M4 均为 OFF。

3）当汽车开进装车位置时，限位开关 SQ1 置为 ON，红灯 L2 亮，绿灯 L1 灭；同时起动电动机 M4，经过 1s 后，再起动 M3，再经 2s 后起动 M2，再经过 1s 最后起动 M1，再经过 1s 后才打开出料阀（D2 亮），物料经料斗出料。

4）当车装满时，限位开关 SQ2 为 ON，料斗关闭，1s 后 M1 停止，M2 在 M1 停止 1s 后停止，M3 在 M2 停止 1s 后停止，M4 在 M3 停止 1s 后最后停止。同时红灯 L2 灭，绿灯 L1 亮，表明汽车可以开走。

5）关闭"起动"开关，自动配料装车的整个系统停止运行。

五、I/O 端口分配

I/O 端口分配见表 9-2。

表 9-2　I/O 端口分配

序 号	PLC 地址（PLC 端子）	电气符号（面板端子）	功 能 说 明
1	I0.0	SD	起动（SD）
2	I0.1	SQ1	运料车到位检测
3	I0.2	SQ2	运料车物料检测
4	I0.3	S1	料斗物料检测
5	Q0.0	M1	电动机 M1
6	Q0.1	M2	电动机 M2
7	Q0.2	M3	电动机 M3
8	Q0.3	M4	电动机 M4
9	Q0.4	L1	允许车进出
10	Q0.5	L2	运料车到位指示
11	Q0.6	D1	运料车装满指示
12	Q0.7	D2	料斗下料
13	Q1.0	D3	料斗物料充足指示
14	Q1.1	D4	料斗进料
15	主机 1M、面板 V＋接电源 ＋24V		电源正端
16	主机 1L、2L、3L、面板 COM 接电源 GND		电源地端

六、接线图

接线图如图9-2所示。

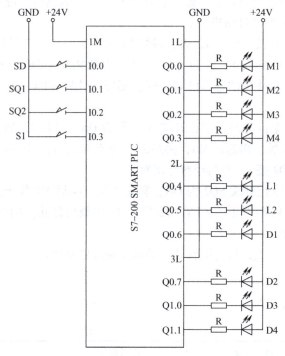

图9-2　接线图

七、操作步骤

1）检查实训设备中器材及调试程序。

2）按照I/O端口分配表或接线图完成PLC与实训模块之间的接线，认真检查，确保正确无误。

3）打开示例程序或用户自己编写的控制程序，进行编译，有错误时根据提示信息修改程序，直至无误，用TCP/IP网线连接计算机与PLC网线口，打开PLC主机电源开关，下载程序至PLC中，下载完毕后，将PLC的"RUN/STOP"转换至"RUN"状态。

4）打开"起动"开关后，将S1开关拨至OFF状态，模拟料斗未满，观察下料口D2、D4工作状态。

5）将SQ1拨至ON，SQ2拨至OFF，模拟货车已到指定位置，观察L1、L2和电动机M1、M2、M3及M4的状态。

6）将SQ1拨至ON，SQ2拨至ON，模拟货车已装满，观察电动机M1、M2、M3及M4的工作状态。

7）将SQ1拨至OFF，SQ2拨至OFF，模拟货车开走，自动配料装车系统进入下一循环状态。

8）关闭"起动"开关后，自动配料装车系统停止工作。

实训项目十　四节传送带控制

一、实训目的
1) 掌握传送指令的使用及编程方法。
2) 掌握四节传送带控制系统的接线、调试、操作方法。

二、实训设备
设备清单见表 10-1。

表 10-1　设备清单

序　号	名　　称	型号与规格	数　量	备　注
1	实训装置	THPFSM－1/2	1	
2	实训挂箱	A13	1	
3	导线	3 号	若干	
4	实训指导书	THPFSM－1/2	1	
5	计算机（带编程软件）		1	

三、面板图
四节传送带控制面板图如图 10-1 所示。

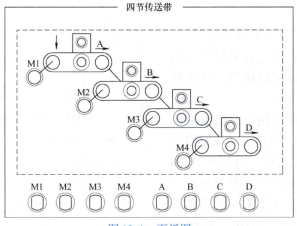

图 10-1　面板图

四、控制要求
1) 总体控制要求：如面板图 10-1 所示，系统由传动电动机 M1、M2、M3、M4，故障设置开关 A、B、C、D 组成，完成物料的运送、故障停止等功能。

2) 打开"起动"开关，首先起动最末一条传送带（电动机 M4），每经过 1s 延时，依次起动一条传送带（电动机 M3、M2、M1）。

3) 当某条传送带发生故障时，该传送带及其前面的传送带立即停止，而该传送带以后的传送带待运完货物后方可停止。例如 M2 存在故障，则 M1、M2 立即停止，经过 1s 延时后，M3 停止，再经过 1s，M4 停止。

4) 排除故障，打开"启动"开关，系统重新起动。

5）关闭"起动"开关，先停止最前面一条传送带（电动机 M1），待料运送完毕后再依次停止 M2、M3 及 M4 电动机。

五、I/O 端口分配

I/O 端口分配见表 10-2。

表 10-2 I/O 端口分配

序 号	PLC 地址（PLC 端子）	电气符号（面板端子）	功能说明
1	I0.0	SD	起动（SD）
2	I0.1	A	传送带 A 故障模拟
3	I0.2	B	传送带 B 故障模拟
4	I0.3	C	传送带 C 故障模拟
5	I0.4	D	传送带 D 故障模拟
6	Q0.0	M1	电动机 M1
7	Q0.1	M2	电动机 M2
8	Q0.2	M3	电动机 M3
9	Q0.3	M4	电动机 M4
10	主机 1M、面板 V+ 接电源 +24V		电源正端
11	主机 1L、面板 COM 接电源 GND		电源地端

六、接线图

接线图如图 10-2 所示。

七、操作步骤

1）检查实训设备中器材及调试程序。

2）按照 I/O 端口分配表或接线图完成 PLC 与实训模块之间的接线，认真检查，确保正确无误。

3）打开示例程序或用户自己编写的控制程序，进行编译，有错误时根据提示信息修改程序，直至无误，用 TCP/IP 网线连接计算机与 PLC 网线口，打开 PLC 主机电源开关，下载程序至 PLC 中，下载完毕后，将 PLC 的 "RUN/STOP" 转换至 "RUN" 状态。

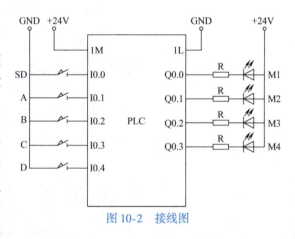

图 10-2 接线图

4）打开"起动"开关后，系统进入自动运行状态，调试四节传送带控制程序并观察四节传送带的工作状态。

5）将 A、B、C、D 开关中的任意一个打开，模拟传送带发生故障，观察电动机 M1、M2、M3、M4 的工作状态。

6）关闭"起动"按钮，系统逐步停止，待物料运送完毕后依次停止电动机 M1、M2、M3 及 M4。

实训项目十一 多种液体混合装置控制

一、实训目的

1) 掌握正/负跳变指令的使用及编程方法。
2) 掌握多种液体混合装置控制系统的接线、调试、操作方法。

二、实训设备

设备清单见表 11-1。

表 11-1 设备清单

序 号	名 称	型号与规格	数 量	备 注
1	实训装置	THPFSM－1/2	1	
2	实训挂箱	A14	1	
3	导线	3 号	若干	
4	实训指导书	THPFSM－1/2	1	
5	计算机（带编程软件）		1	

三、面板图

多种液体混合装置控制面板图如图 11-1 所示。

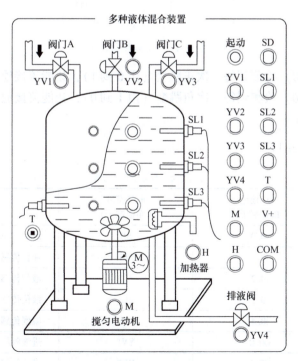

图 11-1 面板图

四、控制要求

1）总体控制要求：如面板图 11-1 所示，本装置为三种液体混合模拟装置，由液位传感器 SL1、SL2、SL3，进液阀门 YV1、YV2、YV3，混合液阀门 YV4，搅匀电动机 M，加热器 H，温度传感器 T 组成。实现三种液体的混合、搅匀、加热等功能。

2）打开"起动"开关，装置投入运行。首先液体 A、B、C 阀门关闭，混合液阀门打开 10s 将容器放空后关闭。然后液体 A 阀门打开，液体 A 流入容器。当液面到达 SL3 时，SL3 接通，关闭液体 A 阀门，打开液体 B 阀门。液面到达 SL2 时，关闭液体 B 阀门，打开液体 C 阀门。液面到达 SL1 时，关闭液体 C 阀门。

3）搅匀电动机开始搅匀、加热器开始加热。当混合液体在 6s 内达到设定温度时，加热器停止加热，搅匀电动机工作 6s 后停止搅动；若混合液体加热 6s 后还没有达到设定温度，加热器继续加热，当混合液达到设定的温度时，加热器停止加热，搅匀电动机停止工作。

4）搅匀结束以后，混合液体阀门打开，开始放出混合液体。当液面下降到 SL3 时，SL3 由接通变为断开，SL2、SL1 依次断开，再过 2s 后，容器放空，混合液阀门关闭，开始下一周期。

5）关闭"起动"开关，在当前的混合液处理完毕后，停止操作。

五、功能指令的使用

正/负跳变指令的使用如图 11-2 所示。

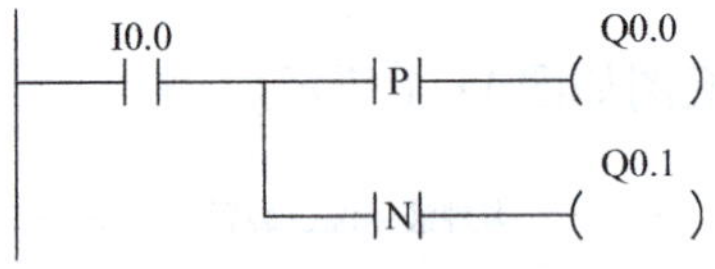

图 11-2 正/负跳变指令

正跳变指令（EU）检测到每一次正跳变（由 0 到 1），让能流接通一个扫描周期。
负跳变指令（ED）检测到每一次负跳变（由 1 到 0），让能流接通一个扫描周期。

六、I/O 端口分配

I/O 端口分配见表 11-2。

表 11-2 I/O 端口分配

序　号	PLC 地址 （PLC 端子）	电气符号 （面板端子）	功能说明
1	I0.0	SD	起动（SD）
2	I0.1	SL1	液位传感器 SL1
3	I0.2	SL2	液位传感器 SL2
4	I0.3	SL3	液位传感器 SL3
5	I0.4	T	温度传感器 T
6	Q0.0	YV1	进液阀门 A
7	Q0.1	YV2	进液阀门 B
8	Q0.2	YV3	进液阀门 C

(续)

序　号	PLC 地址 （PLC 端子）	电气符号 （面板端子）	功 能 说 明
9	Q0.3	YV4	混合液阀门
10	Q0.4	M	搅拌电动机
11	Q0.5	H	加热器
12	主机 1M、面板 V + 接电源 +24V		电源正端
13	主机 1L、2L、面板 COM 接电源 GND		电源地端

七、接线图

接线图如图 11-3 所示。

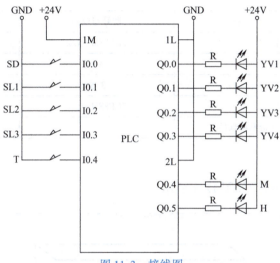

图 11-3　接线图

八、操作步骤

1）检查实训设备中器材及调试程序。

2）按照 I/O 端口分配表或接线图完成 PLC 与实训模块之间的接线，认真检查，确保正确无误。

3）打开示例程序或用户自己编写的控制程序，进行编译，有错误时根据提示信息修改程序，直至无误，用 TCP/IP 网线连接计算机与 PLC 网线口，打开 PLC 主机电源开关，下载程序至 PLC 中，下载完毕后，将 PLC 的"RUN/STOP"转换至"RUN"状态。

4）打开"起动"开关，将 SL1、SL2、SL3 拨至 OFF，观察液体混合阀门 YV1、YV2、YV3、YV4 的工作状态。

5）等待 20s 后，观察液体混合阀门 YV1、YV2、YV3、YV4 的工作状态有何变化，依次将 SL1、SL2、SL3 液面传感器拨至 ON，观察系统各阀门、搅动电动机 M 及加热器 H 的工作状态。

6）将测温传感器的开关打到 ON，观察系统各阀门、搅动电动机 M 及加热器 H 的工作状态。

7）关闭"起动"开关，系统停止工作。

实训项目十二 自动售货机控制

一、实训目的

1）掌握可逆计数器指令的使用及编程方法。
2）掌握自动售货机控制系统的接线、调试、操作方法。

二、实训设备

设备清单见表 12-1。

表 12-1 设备清单

序 号	名 称	型号与规格	数 量	备 注
1	实训装置	THPFSM−1/2	1	
2	实训挂箱	A15	1	
3	导线	3 号	若干	
4	实训指导书	THPFSM−1/2	1	
5	计算机（带编程软件）		1	

三、面板图

自动售货机控制面板图如图 12-1 所示。

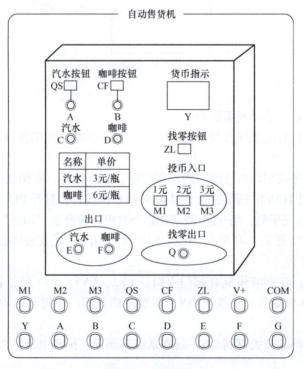

图 12-1 面板图

四、控制要求

1. 总体控制要求：如面板图 12-1 所示，按 M1、M2、M3 按钮，模拟投入货币，Y 显示投入的货币的数量，按动"QS"和"CF"按钮分别代表购买"汽水"和"咖啡"。出口处的"E"和"F"分别表示"汽水"和"咖啡"已经取出。购买后 Y 显示剩余的货币，按下"找零按钮"。

2. 按下"M1""M2""M3"3 个开关，模拟投入 1 元、2 元、3 元的货币，投入的货币可以累加起来，通过 Y 的数码管显示出当前投入的货币总数。

3. 售货机内的两种饮料有相对应价格，当投入的货币大于或等于其售价时，对应的汽水指示灯 C、咖啡指示灯 D 点亮，表示可以购买。

4. 当可以购买时，按下相应的"汽水"按钮或"咖啡"按钮，同时与之对应的汽水指示灯 A 或咖啡指示灯 B 点亮。表示已经购买了汽水或咖啡。

5. 在购买了汽水或咖啡后，Y 显示当前的余额，按下"找零按钮"后，Y 显示 00，表示已经清零。

五、I/O 端口分配

I/O 端口分配见表 12-2。

表 12-2 I/O 端口分配

序 号	PLC 地址 （PLC 端子）	电气符号 （面板端子）	功 能 说 明
1	I0.0	M1	1 元投币
2	I0.1	M2	2 元投币
3	I0.2	M3	3 元投币
4	I0.3	QS	汽水按钮
5	I0.4	CF	咖啡按钮
6	I0.5	ZL	找零按钮
7	Q0.0	Y	货币指示
8	Q0.1	A	汽水按钮指示
9	Q0.2	B	咖啡按钮指示
10	Q0.3	C	汽水
11	Q0.4	D	咖啡
12	Q0.5	E	汽水出口
13	Q0.6	F	咖啡出口
14	Q0.7	G	找零出口
15	主机 1M、面板 V＋接电源＋24V		电源正端
16	主机 1L、2L、面板 COM 接电源 GND		电源地端

六、PLC 外部接线图

接线图如图 12-2 所示。

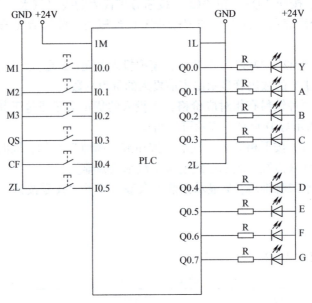

图 12-2 接线图

七、操作步骤

1) 检查实训设备中器材并调试程序。

2) 按照 I/O 端口分配表或接线图完成 PLC 与实训模块之间的接线，认真检查，确保正确无误。

3) 打开示例程序或用户自己编写的控制程序，进行编译，有错误时根据提示信息修改程序，直至无误，用 TCP/IP 网线连接计算机与 PLC 网线口，打开 PLC 主机电源开关，下载程序至 PLC 中，下载完毕后，将 PLC 的"RUN/STOP"转换至"RUN"状态。

4) 按下"1 元""2 元""3 元"按钮后。Y 的数码管显示出当前投入的货币总数。

5) 当投入的货币大于或等于商品售价时，对应的汽水指示灯 C、咖啡指示灯 D 点亮，表示可以购买。

6) 当可以购买时，按下相应的"汽水按钮"或"咖啡按钮"，同时与之对应的汽水指示灯 A 或咖啡指示灯 B 点亮。表示已经购买了汽水或咖啡。

7) 在购买了汽水或咖啡后，Y 显示当前的余额，按下"找零按钮"后，Y 显示 00，表示已经清零。

实训项目十三 自控轧钢机控制

一、实训目的

1) 掌握加法计数器指令的使用及编程方法。
2) 掌握自控轧钢机控制系统的接线、调试、操作方法。

二、实训设备

设备清单见表 13-1。

表 13-1 设备清单

序 号	名 称	型号与规格	数 量	备 注
1	实训装置	THPFSM－1/2	1	
2	实训挂箱	A16	1	
3	导线	3 号	若干	
4	实训指导书	THPFSM－1/2	1	
5	计算机（带编程软件）		1	

三、面板图

自控轧钢机控制面板图如图 13-1 所示。

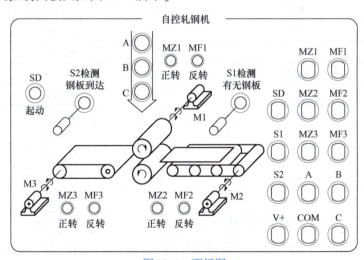

图 13-1 面板图

四、控制要求

1) 总体控制要求：如面板图 13-1 所示，钢板从右侧送入，在 M2、M1、M3 电动机的带动下，经过 3 次轧压后从左侧送出。

2) 打开"SD"起动开关，系统开始运行，钢板从右侧送入，打开"S1"开关，模拟钢板被检测到，MZ1、MZ2、MZ3 点亮，表示电动机 M1、M2、M3 正转，将钢板自右向左传送。同时指示灯"A"点亮，表示此时只有下压量 A 作用。

3）钢板经过轧压后，超出"S1"传感器检测范围，电动机"M2"停止转动。

4）钢板在电动机的带动下，被传送到左侧，被"S2"传感器检测到后，MF1、MF2、MF3 点亮，表示电动机 M1、M2、M3 反转，将钢板自左向右传送。同时指示灯"A""B"点亮，表示此时有下压量 A、B 一起作用。

5）钢板在电动机的带动下，被传送到右侧，被"S1"传感器检测到后，MZ1、MZ2、MZ3 点亮，表示电动机 M1、M2、M3 正转，将钢板自右向左传送。同时指示灯"A""B""C"点亮，表示此时有下压量 A、B、C 一起作用。

6）钢板经过轧压后，超出"S1"传感器检测范围，电动机"M2"停止转动。

7）钢板传送到左侧，被"S2"传感器检测到后，电动机"M1"停止转动。

8）钢板从左侧送出后，超出"S2"传感器检测范围，电动机"M3"停止转动。

9）"S1"传感器再次检测到钢板后，根据步骤 2）~8）完成对钢板的轧压。

10）在运行时，断开"SD"开关，系统完成一个工作周期后停止运行。

五、I/O 端口分配

I/O 端口分配见表 13-2。

表 13-2　I/O 端口分配

序　号	PLC 地址 （PLC 端子）	电气符号 （面板端子）	功　能　说　明
1	I0.0	SD	起动开关
2	I0.1	S1	S1 检测有无钢板
3	I0.2	S2	S2 检测钢板到达
4	Q0.0	MZ1	M1 正转
5	Q0.1	MF1	M1 反转
6	Q0.2	MZ2	M2 正转
7	Q0.3	MF2	M2 反转
8	Q0.4	MZ3	M3 正转
9	Q0.5	MF3	M3 反转
10	Q0.6	A	下压量 A
11	Q0.7	B	下压量 B
12	Q1.0	C	下压量 C
13	主机 1M、面板 V + 接电源 +24V		电源正端
14	主机 1L、2L、3L、面板 COM 接电源 GND		电源地端

六、接线图

接线图如图 13-2 所示。

七、操作步骤

1）检查实训设备中器材并调试程序。

2）按照 I/O 端口分配表或接线图完成 PLC 与实训模块之间的接线，认真检查，确保正确无误。

实训项目十三
自控轧钢机控制

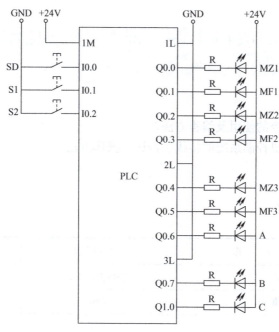

图 13-2　接线图

3）打开示例程序或用户自己编写的控制程序，进行编译，有错误时根据提示信息修改程序，直至无误，用 TCP/IP 网线连接计算机与 PLC 网线口，打开 PLC 主机电源开关，下载程序至 PLC 中，下载完毕后，将 PLC 的"RUN/STOP"转换至"RUN"状态。

4）先将"S1""S2"开关断开，再打开"SD"起动开关，系统开始运行，钢板从右侧送入，此时将"S1"开关打开，模拟钢板被检测到。MZ1、MZ2、MZ3 点亮，表示电动机 M1、M2、M3 正转，带动传送带将钢板自右向左传送。同时下压指示灯"A"点亮，表示此时只有下压量 A 作用。

5）钢板向右传送并经过第一次轧压后，断开"S1"开关，表示钢板超出"S1"传感器的检测范围，MZ2 指示灯熄灭，电动机 M2 停止转动。

6）钢板在电动机的带动下，被传送到左侧，打开"S2"开关，表示钢板被"S2"传感器检测到，MZ1、MZ3 指示灯熄灭，MF1、MF2、MF3 指示灯点亮，表示电动机 M1、M2、M3 反转，将钢板自左向右传送。同时"A""B"指示灯点亮，表示此时下压量 A、B 一起作用。

7）钢板在电动机的带动下，经过第二次轧压后被传送到右侧，被"S1"传感器检测到后，MZ1、MZ2、MZ3 指示灯点亮，表示电动机 M1、M2、M3 正转，将钢板自右向左传送。同时"A""B""C"指示灯点亮，表示此时下压量 A、B、C 一起作用。

8）钢板经过第三轧压后超出"S1"传感器检测范围，断开"S1"开关，MZ2 指示灯熄灭，电动机"M2"停止转动。

9）钢板传送到左侧被"S2"传感器检测到，打开"S2"开关，MZ1 指示灯熄灭，电动机"M1"停止转动。

10）钢板从左侧送出后超出"S2"传感器检测范围，断开"S2"开关，MZ3 指示灯熄灭，电动机"M3"停止转动。

实训项目十四 邮件分拣机控制

一、实训目的

1) 掌握定时器指令的使用及编程方法。
2) 掌握邮件分拣机控制系统的接线、调试、操作方法。

二、实训设备

设备清单见表14-1。

表14-1 设备清单

序 号	名 称	型号与规格	数 量	备 注
1	实训装置	THPFSM－1/2	1	
2	实训挂箱	A16	1	
3	导线	3号	若干	
4	实训指导书	THPFSM－1/2	1	
5	计算机（带编程软件）		1	

三、面板图

邮件分拣机控制面板图如图14-1所示。

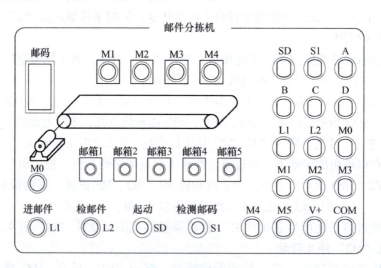

图14-1 面板图

四、控制要求

1) 总体控制要求：如面板图14-1所示，起动后绿灯L1亮表示可以进邮件，S1为ON

表示模拟检测邮件的光信号检测到了邮件，拨码器模拟邮件的邮码，从拨码器读到的邮码的正常值为 1、2、3、4、5，若是此 5 个数中的任一个，则红灯 L2 亮，电动机 M0 运行，将邮件分拣至邮箱内，完成后 L2 灭，L1 亮，表示可以继续分拣邮件。

2）若读到的邮码不是该 5 个数，则红灯 L2 闪烁，表示出错，电动机 M0 停止，重新起动后，能重新运行。

五、I/O 端口分配

I/O 端口分配见表 14-2。

表 14-2　I/O 端口分配

序　号	PLC 地址 （PLC 端子）	电气符号 （面板端子）	功 能 说 明
1	I0.0	SD	起动开关
2	I0.1	S1	检测邮码
3	I0.2	A	BCD 码 A
4	I0.3	B	BCD 码 B
5	I0.4	C	BCD 码 C
6	I0.5	D	BCD 码 D
7	Q0.0	L1	进邮件
8	Q0.1	L2	检邮件
9	Q0.2	M0	传送电动机
10	Q0.3	M1	邮箱 1
11	Q0.4	M2	邮箱 2
12	Q0.5	M3	邮箱 3
13	Q0.6	M4	邮箱 4
14	Q0.7	M5	邮箱 5
15	主机 1M、面板 V＋接电源 ＋24V		电源正端
16	主机 1L、2L、面板 COM 接电源 GND		电源地端

六、接线图

接线图如图 14-2 所示。

七、操作步骤

1）检查实训设备中器材及调试程序。

2）按照 I/O 端口分配表或接线图完成 PLC 与实训模块之间的接线，认真检查，确保正确无误。

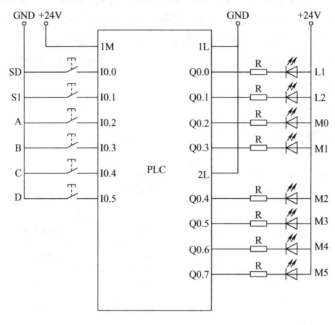

图 14-2　接线图

3）打开示例程序或用户自己编写的控制程序，进行编译，有错误时根据提示信息修改程序，直至无误，用 TCP/IP 网线连接计算机与 PLC 网线口，打开 PLC 主机电源开关，下载程序至 PLC 中，下载完毕后，将 PLC 的"RUN/STOP"转换至"RUN"状态。

4）打开"起动"开关，绿灯 L1 亮，表示可以进邮件。

5）将拨码器拨到 1、2、3、4、5 中的任一个数，进邮件 L1 亮。

6）打开"S1"开关，表示模拟检测邮件的光信号检测到了邮件。

7）红灯 L2 亮，电动机 M0 运行，将邮件分拣至邮箱内，完成后 L2 灭，L1 亮，表示可以继续分拣邮件。

8）将拨码器拨到 1~5 以外的数，则红灯 L2 闪烁，表示出错，电动机 M0 停止，重新起动后，能重新运行。

实训项目十五 自控成型机控制

一、实训目的

1）掌握定时器指令的使用及编程方法。
2）掌握自控成型机控制系统的接线、调试、操作方法。

二、实训设备

设备清单见表 15-1。

表 15-1 设备清单

序 号	名 称	型号与规格	数 量	备 注
1	实训装置	THPFSM－1/2	1	
2	实训挂箱	A17	1	
3	导线	3 号	若干	
4	实训指导书	THPFSM－1/2	1	
5	计算机（带编程软件）		1	

三、面板图

自控成型机控制面板图如图 15-1 所示。

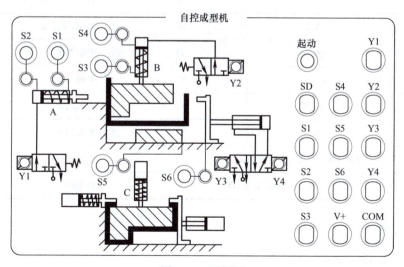

图 15-1 面板图

四、控制要求

1）总体控制要求：如面板图 15-1 所示，原料在自控成型机中经过由 Y1、Y2、Y3 电磁阀控制的液压缸的冲压后成型。

2）原料放入自控成型机时，各液压缸为初始状态：S1 = S3 = S5 = OFF，S2 = S4 = S6 = ON，Y1 = Y2 = Y4 = OFF，Y3 = OFF。

3）打开"SD"起动开关，系统开始运行，Y2 = ON，液压缸 B 向下运动，使 S4 = OFF。

4）当液压缸 B 下降到底部终点时，S3 = ON，此时，起动 Y1、Y4，液压缸 A 向右运动，液压缸 C 向左运动。Y1 = Y4 = ON 时，Y3 = OFF，使 S2 = S6 = OFF。

5）当 A、C 液压缸退回到初始位置，S1 = S5 = ON 时，液压缸 B 返回，S1 = S5 = OFF，Y2 = OFF，S3 = OFF，S2 = S6 = ON。

6）当液压缸返回初始状态，S4 = ON 时，系统回到初始状态取出成品，放入原料后，按下起动按钮，重新起动，开始下一个加工工件。

五、I/O 端口分配

I/O 端口分配见表 15-2。

表 15-2　I/O 端口分配

序　号	PLC 地址（PLC 端子）	电气符号（面板端子）	功 能 说 明
1	I0.0	SD	起动开关
2	I0.1	S1	Y1 到位开关
3	I0.2	S2	Y1 原位开关
4	I0.3	S3	Y2 到位开关
5	I0.4	S4	Y2 原位开关
6	I0.5	S5	Y3 到位开关
7	I0.6	S6	Y3 原位开关
8	Q0.0	Y1	电磁阀 1
9	Q0.1	Y2	电磁阀 2
10	Q0.2	Y3	电磁阀 3
11	Q0.3	Y4	电磁阀 4
12	主机 1M、面板 V + 接电源 +24V		电源正端
13	主机 1L、面板 COM 接电源 GND		电源地端

六、接线图

接线图如图 15-2 所示。

七、操作步骤

1）检查实训设备中器材并调试程序。

2）按照 I/O 端口分配表或接线图完成 PLC 与实训模块之间的接线，认真检查，确保正确无误。

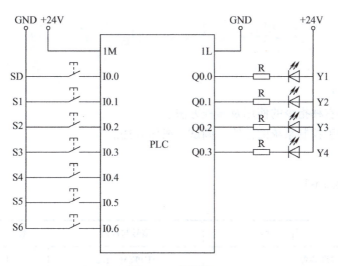

图 15-2　接线图

3）打开示例程序或用户自己编写的控制程序，进行编译，有错误时根据提示信息修改程序，直至无误，用 TCP/IP 网线连接计算机与 PLC 网线口，打开 PLC 主机电源开关，下载程序至 PLC 中，下载完毕后，将 PLC 的 "RUN/STOP" 转换至 "RUN" 状态。

4）先将 S1、S3、S5 开关断开，将 S2、S4、S6 开关闭合，再闭合 "SD" 起动开关，系统开始运行。

5）Y2 指示灯点亮，液压缸 B 向下运动，断开开关 S4。

6）液压缸 B 下降到底部终点后，闭合 S3 开关。Y1、Y4 指示灯点亮，液压缸 A 向右运动、液压缸 C 向左运动，断开开关 S2、S6。

7）当液压缸 A 向右运动到终点、液压缸 C 向左运动到终点后，闭合开关 S1、S5，Y1、Y4 指示灯熄灭，原料加工成型。各液压缸开始退回原位，断开开关 S1、S5。

8）当液压缸 A、液压缸 C 退回到原点后，闭合 S2、S6 开关，Y2 指示灯熄灭，断开 S3 开关，液压缸 B 返回原位。

9）当所有的液压缸返回到初始状态后，闭合 S4 开关，系统回到初始状态，再次放入原料进行加工。

实训项目十六　机械手控制

一、实训目的

1）掌握循环右移指令的使用及编程方法。
2）掌握机械手控制系统的接线、调试、操作方法。

二、实训设备

设备清单见表16-1。

表16-1　设备清单

序　号	名　　称	型号与规格	数　量	备　注
1	实训装置	THPFSM－1/2	1	
2	实训挂箱	A17	1	
3	导线	3号	若干	
4	实训指导书	THPFSM－1/2	1	
5	计算机（带编程软件）		1	

三、面板图

机械手控制面板图如图16-1所示。

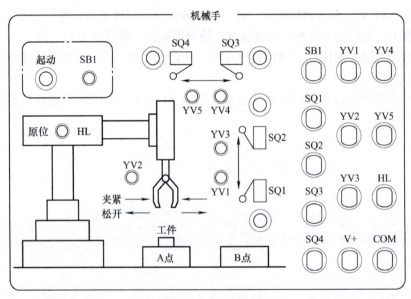

图16-1　面板图

实训项目十六 机械手控制

四、控制要求

1）总体控制要求：如面板图 16-1 所示，工件在 A 处被机械手抓取并放到 B 处。

2）机械手回到初始状态，SQ4 = SQ2 = 1，SQ3 = SQ1 = 0，原位指示灯 HL 点亮，按下"SB1"起动开关，下降指示灯 YV1 点亮，机械手下降（SQ2 = 0），下降到 A 处后（SQ1 = 1）夹紧工件，夹紧指示灯 YV2 点亮。

3）夹紧工件后，机械手上升（SQ1 = 0），上升指示灯 YV3 点亮，上升到位后（SQ2 = 1），机械手右移（SQ4 = 0），右移指示灯 YV4 点亮。

4）机械手右移到位后（SQ3 = 1），下降指示灯 YV1 点亮，机械手下降。

5）机械手下降到位后（SQ1 = 1），夹紧指示灯 YV2 熄灭，机械手放松。

6）机械手放松后上升，上升指示灯 YV3 点亮。

7）机械手上升到位（SQ2 = 1）后左移，左移指示灯 YV5 点亮。

8）机械手回到原点后再次运行。

五、I/O 端口分配

I/O 端口分配见表 16-2。

表 16-2　I/O 端口分配

序　号	PLC 地址 （PLC 端子）	电气符号 （面板端子）	功 能 说 明
1	I0.0	SB1	起动开关
2	I0.1	SQ1	下限位开关
3	I0.2	SQ2	上限位开关
4	I0.3	SQ3	右限位开关
5	I0.4	SQ4	左限位开关
6	Q0.0	YV1	下降指示灯
7	Q0.1	YV2	夹紧指示灯
8	Q0.2	YV3	上升指示灯
9	Q0.3	YV4	右移指示灯
10	Q0.4	YV5	左移指示灯
11	Q0.5	HL	原位指示灯
12	主机 1M、面板 V + 接电源 + 24V		电源正端
13	主机 1L、2L、面板 COM 接电源 GND		电源地端

六、接线图

接线图如图 16-2 所示。

七、操作步骤

1）检查实训设备中器材及调试程序。

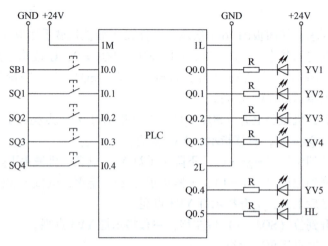

图 16-2 接线图

2）按照 I/O 端口分配表或接线图完成 PLC 与实训模块之间的接线，认真检查，确保正确无误。

3）打开示例程序或用户自己编写的控制程序，进行编译，有错误时根据提示信息修改程序，直至无误，用 TCP/IP 网线连接计算机与 PLC 网线口，打开 PLC 主机电源开关，下载程序至 PLC 中，下载完毕后，将 PLC 的"RUN/STOP"转换至"RUN"状态。

4）将左限位开关 SQ4、右限位开关 SQ3 打向左侧，上限位开关 SQ2、下限位开关 SQ1 打向上方，机械手回到初始状态，原位指示灯 HL 点亮。

5）闭合"SB1"起动开关，下降指示灯 YV1 点亮，模拟机械手下降，上限位开关 SQ2 打向下方，下降到 A 处后下限位开关 SQ1 打向下方，开始夹紧工件，夹紧指示灯 YV2 点亮。

6）夹紧工件后，机械手上升，上升指示灯 YV3 点亮，将下限位开关 SQ1 打向上方，机械手上升到位后，上限位开关 SQ2 打向上方。

7）右移指示灯 YV4 点亮，机械手开始右移，左限位开关 SQ4 打向右侧。

8）机械手右移到位后，右限位开关 SQ3 打向右侧，下降指示灯 YV1 点亮，机械手下降，上限位开关 SQ2 打向下方。

9）机械手下降到位后，下限位开关 SQ1 打向下方，夹紧指示灯 YV2 熄灭，机械手放松。

10）机械手放松后上升，上升指示灯 YV3 点亮，下限位开关 SQ1 打向上方，机械手上升到位后，上限位开关 SQ2 打向上方。

11）机械手上升到位后左移指示灯 YV5 点亮，右限位开关 SQ3 打向左侧。

12）机械手左移到位后，左限位开关 SQ4 打向左侧，机械手完成一个动作周期。

实训项目十七　加工中心控制

一、实训目的

1）掌握循环右移指令的使用及编程方法。
2）掌握加工中心控制系统的接线、调试、操作方法。

二、实训设备

设备清单见表 17-1。

表 17-1　设备清单

序　号	名　　称	型号与规格	数　量	备　注
1	实训装置	THPFSM－1/2	1	
2	实训挂箱	A18	1	
3	导线	3号	若干	
4	实训指导书	THPFSM－1/2	1	
5	计算机（带编程软件）		1	

三、面板图

加工中心控制面板图如图 17-1 所示。

四、控制要求

1）总体控制要求：如面板图 17-1 所示，利用刀库中的钻头对工件进行钻操作，用铣刀对工件进行铣操作。

2）按下 "SD" 起动开关，X 轴运动指示灯点亮，拖动工件向左运行，在运行过程中，按动 "DECX" 按钮 3 次，代表 X 轴伺服电动机运行过程中的 3 次反馈信号，当 X 轴运行到位时，触碰 X 轴左限位开关，证明运行到位，同时 Z 轴伺服电动机开始运转，拖动钻头向下运行以接近工件，此时钻头中安装的是铣刀 T2。

3）在向下运行过程中按动 "DECZ" 按钮 3 次，代表 Z 轴伺服电动机运行过程中的 3 次反馈信号，当 Z 轴运行到位时，触碰 Z 轴下限位开关，则钻头加工完成后停止，同时 Z 轴伺服电动机停止运行。当 Z 轴伺服电动机再次运行时，带动钻头返回，按动 "DECZ" 按钮 3 次，代表 Z 轴伺服电动机运行过程中的 3 次反馈信号，返回到位时，触碰 Z 轴上限位开关，Z 轴伺服电动机停止运行。

4）对钻头铣刀进行替换，将 T2 换成 T4 后，Z 轴伺服电动机起动带动安装了 T4 铣刀的钻头向下运行，按动 "DECZ" 按钮 3 次，代表 Z 轴伺服电动机运行过程中的 3 次反馈信号，当 Z 轴运行到位时，触碰 Z 轴下限位开关，Z 轴伺服电动机停止运行，同时 Y 轴伺服电动机起动，拖动工件向前运行，而钻头一直在加工工件，按动 "DECY" 按钮 4 次，代表 Y 轴伺服电动机运行过程中的 4 次反馈信号，当 Y 轴运行到位时，触碰 Y 轴前限

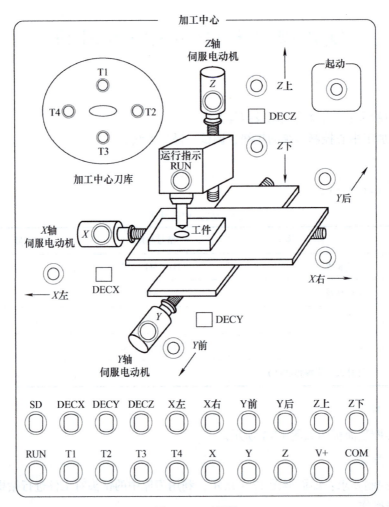

图 17-1 面板图

位开关,证明运行到位,同时工件加工也完成了,钻头停止运行,Y轴伺服电动机也停止运行。

5) Z轴伺服电动机起动,带动已停止的钻头向上返回刀库,按动"DECZ"按钮3次,代表Z轴伺服电动机向上运行过程中的3次反馈信号,当Z轴运行到位时,碰触Z轴上限位开关,则Z轴伺服电动机停止运行。

6) X轴伺服电动机起动,带动工件向右运行,在运行过程中,按动"DECX"按钮3次,代表X轴伺服电动机运行过程中的3次反馈信号,当X轴返回原位时,触碰X轴右限位开关,则X轴伺服电动机停止运行。

7) Y轴伺服电动机起动,带动工件向后运行,在运行过程中,按动"DECY"按钮4次,代表Y轴伺服电动机运行过程中的4次反馈信号,当Y轴返回原位时,触碰Y轴后限位开关,则Y轴伺服电动机停止运行,系统重新起动。

五、I/O 端口分配

I/O 端口分配见表 17-2。

表 17-2　I/O 端口分配

序　号	PLC 地址 （PLC 端子）	电气符号 （面板端子）	功　能　说　明
1	I0.0	SD	起动开关
2	I0.1	DECX	X 轴反馈信号
3	I0.2	DECY	Y 轴反馈信号
4	I0.3	DECZ	Z 轴反馈信号
5	I0.4	X 左	X 轴左限位开关
6	I0.5	X 右	X 轴右限位开关
7	I0.6	Y 前	Y 轴前限位开关
8	I0.7	Y 后	Y 轴后限位开关
9	I1.0	Z 上	Z 轴上限位开关
10	I1.1	Z 下	Z 轴下限位开关
11	Q0.0	RUN	运行指示灯
12	Q0.1	T1	钻头 1 指示灯
13	Q0.2	T2	钻头 2 指示灯
14	Q0.3	T3	铣刀 1 指示灯
15	Q0.4	T4	铣刀 2 指示灯
16	Q0.5	X	X 轴运动指示灯
17	Q0.6	Y	Y 轴运动指示灯
18	Q0.7	Z	Z 轴运动指示灯
19	主机 1M、面板 V + 接电源 + 24V		电源正端
20	主机 1L、2L、面板 COM 接电源 GND		电源地端

六、接线图

接线图如图 17-2 所示。

七、操作步骤

1）检查实训设备中器材及调试程序。

2）按照 I/O 端口分配表或接线图完成 PLC 与实训模块之间的接线，认真检查，确保正确无误。

3）打开示例程序或用户自己编写的控制程序，进行编译，有错误时根据提示信息修改程序，直至无误，用 TCP/IP 网线连接计算机与 PLC 网线口，打开 PLC 主机电源开关，下载程序至 PLC 中，下载完毕后，将 PLC 的"RUN/STOP"转换至"RUN"状态。

4）将 Z 轴上限位开关、Y 轴后限位开关、X 轴右限位开关打开，Z 轴下限位开关、Y 轴前限位开关、X 轴左限位开关断开，回到初始状态，按下"SD"起动开关，X 轴向左运行。

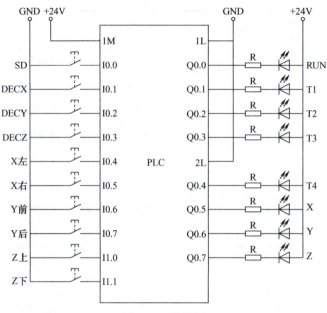

图 17-2 接线图

5）断开 X 轴右限位开关，按动 X 轴反馈信号 3 次，模拟向左运行 3 步，当运行到位时，打开 X 轴左限位开关，X 轴指示灯熄灭，T2 指示灯、RUN 指示灯、Z 轴指示灯点亮，Z 轴向下运动。

6）断开 Z 轴上限位开关，按动 Z 轴反馈信号 3 次，模拟向下运行 3 步，当运行到位时，打开 Z 轴下限位开关，Z 轴指示灯、RUN 指示灯熄灭。定时 2s 后，模拟 Z 轴起动向上运动，Z 轴指示灯重新点亮，代表第一次加工完成返回。

7）断开 Z 轴下限位开关，按动 Z 轴反馈信号 3 次，模拟向上运行 3 步，当运行到位时，打开 Z 轴上限位开关，模拟返回刀库，Z 轴指示灯、T2 指示灯熄灭，铣刀 T4 指示灯点亮。定时 2s 后，模拟换好铣刀后重新起动 Z 轴向下运动，并起动钻头，Z 轴指示灯、RUN 指示灯重新点亮。代表换好铣刀后再一次对工件进行加工。

8）断开 Z 轴上限位开关，按动 Z 轴反馈信号 3 次，模拟向下运行 3 步，当运行到位时，打开 Z 轴下限位开关，Z 轴指示灯熄灭，同时 Y 轴指示灯点亮，向前运行。

9）断开 Y 轴后限位开关，按动 Y 轴反馈信号 4 次，模拟向前运行 4 步，当运行到位时，打开 Y 轴前限位开关，Y 轴指示灯、T4 指示灯、RUN 指示灯熄灭，Z 轴指示灯点亮。代表第二次加工完成，Z 轴向上运行。

10）断开 Z 轴下限位开关，按动 Z 轴反馈信号 3 次，模拟向上运行 3 步，当 Z 轴返回到位时，打开 Z 轴上限位开关，模拟返回刀库，Z 轴指示灯熄灭，同时 X 轴指示灯点亮，运动返回。断开 X 轴左限位开关，按动 X 轴反馈信号 3 次，模拟向右运行 3 步，当运行到位时，打开 X 轴右限位开关，X 轴指示灯熄灭，Y 轴指示灯点亮，运动返回。断开 Y 轴前限位开关，按动 Y 轴反馈信号 4 次，模拟向后运行 4 步，当运行到位时，打开 Y 轴后限位开关，Y 轴指示灯熄灭，系统再一次重新起动。

实训项目十八　三层电梯控制

一、实训目的

1）掌握 RS 触发器指令的使用及编程方法。
2）掌握三层电梯控制系统的接线、调试、操作方法。

二、实训设备

设备清单见表 18-1。

表 18-1　设备清单

序　号	名　　称	型号与规格	数　量	备　注
1	实训装置	THPFSM－1/2	1	
2	实训挂箱	A19	1	
3	导线	3 号	若干	
4	实训指导书	THPFSM－1/2	1	
5	计算机（带编程软件）		1	

三、面板图

三层电梯控制面板图如图 18-1 所示。

四、控制要求

1）总体控制要求：电梯由安装在各楼层电梯口的上升、下降呼叫按钮（U1、U2、D2、D3）、电梯轿厢内楼层选择按钮（S1、S2、S3）、上升下降指示（UP、DOWN）、各楼层到位行程开关（SQ1、SQ2、SQ3）组成。电梯自动执行呼叫。

2）电梯在上升的过程中只响应向上的呼叫，在下降的过程中只响应向下的呼叫，电梯向上或向下的呼叫执行完成后再执行反向呼叫。

3）电梯等待呼叫时，同时有多个呼叫时，谁先呼叫执行谁。

4）具有呼叫记忆、内选呼叫指示功能。

5）具有楼层显示、方向指示、到站声音提示功能。

五、功能指令的使用

RS 触发器指令的使用如图 18-2 所示。

复位优先触发器是一个复位优先的锁存器。当 I0.0 为 ON，I0.7 为 OFF 时，Q0.5 被置位；当 I0.0 为 OFF 或 I0.0 为 ON、I0.7 为 ON 时，Q0.5 被复位。

六、I/O 端口分配

I/O 端口分配见表 18-2。

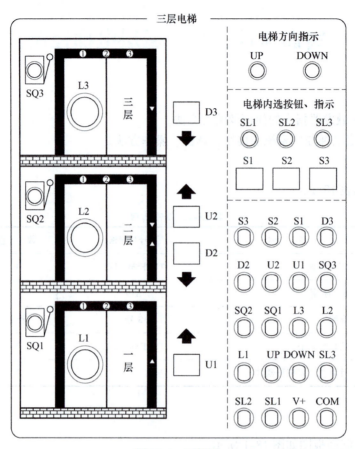

图 18-1 面板图

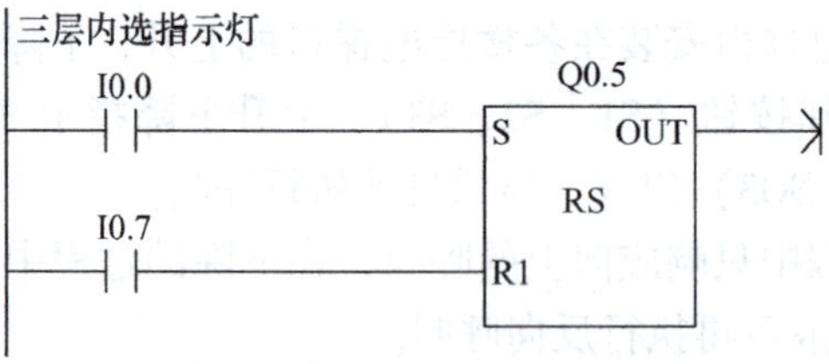

图 18-2 RS 触发器指令

表 18-2 I/O 端口分配

序 号	PLC 地址 （PLC 端子）	电气符号 （面板端子）	功能说明
1	I0.0	S3	三层内选按钮
2	I0.1	S2	二层内选按钮
3	I0.2	S1	一层内选按钮
4	I0.3	D3	三层下呼按钮
5	I0.4	D2	二层下呼按钮

(续)

序　号	PLC 地址 （PLC 端子）	电气符号 （面板端子）	功能说明
6	I0.5	U2	二层上呼按钮
7	I0.6	U1	一层上呼按钮
8	I0.7	SQ3	三层行程开关
9	I1.0	SQ2	二层行程开关
10	I1.1	SQ1	一层行程开关
11	Q0.0	L3	三层指示
12	Q0.1	L2	二层指示
13	Q0.2	L1	一层指示
14	Q0.3	DOWN	轿厢下降指示
15	Q0.4	UP	轿厢上升指示
16	Q0.5	SL3	三层内选指示
17	Q0.6	SL2	二层内选指示
18	Q0.7	SL1	一层内选指示
19	Q1.0	八音盒	到站声
20	Q2.0	A	数码控制端子 A
21	Q2.1	B	数码控制端子 B
22	Q2.2	C	数码控制端子 C
23	Q2.3	D	数码控制端子 D
24	主机 1M、面板 V+ 接电源 +24V		电源正端
25	主机 1L、2L、3L、面板 COM 接电源 GND		电源地端

七、接线图

接线图如图 18-3 所示。

八、操作步骤

1）检查实训设备中器材并调试程序。

2）按照 I/O 端口分配表或接线图完成 PLC 与实训模块之间的接线，认真检查，确保正确无误。

3）打开示例程序或用户自己编写的控制程序，进行编译，有错误时根据提示信息修改程序，直至无误，用 TCP/IP 网线连接计算机与 PLC 网线口，打开 PLC 主机电源开关，下载程序至 PLC 中，下载完毕后，将 PLC 的"RUN/STOP"转换至"RUN"状态。

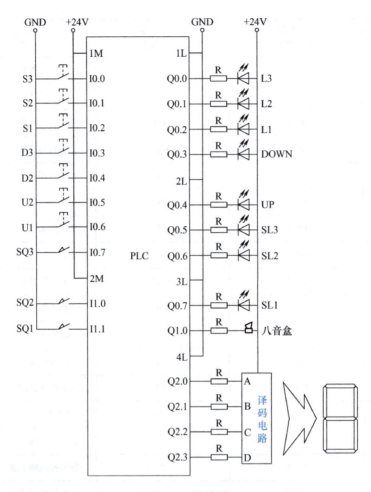

图 18-3 接线图

4)将行程开关"SQ1"拨到 ON,将"SQ2""SQ3"拨到 OFF,表示电梯停在一层。

5)选择电梯楼层内选按钮或上下呼按钮。例如,按下"D3",电梯上升指示灯"UP"亮,一层指示灯"L1"亮,表明电梯离开一层。将行程开关"SQ1"拨到"OFF",二层指示灯"L2"亮,将行程开关"SQ2"拨到"ON"表明电梯到达二层。将行程开关"SQ2"拨到"OFF",表明电梯离开二层,三层指示灯"L3"亮,将行程开关"SQ3"拨到"ON",表明电梯到达三层。

6)重复步骤5),按下不同的内选按钮,观察电梯的运行过程。

实训项目十九　直线运动位置检测、定位控制

一、实训目的
1) 掌握循环右移指令的使用及编程方法。
2) 掌握直线运动位置检测、定位控制系统的接线、调试、操作方法。

二、实训设备
设备清单见表 19-1。

表 19-1　设备清单

序号	名称	型号与规格	数量	备注
1	实训装置	THPFSM－1/2	1	
2	实训挂箱	B10	1	
3	导线	3号	若干	
4	实训指导书	THPFSM－1/2	1	
5	计算机（带编程软件）		1	

三、面板图
直线运动位置检测、定位控制面板图如图 19-1 所示。

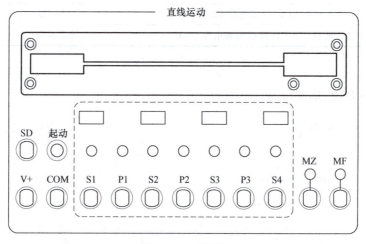

图 19-1　面板图

四、控制要求
1) 总体控制要求：如面板图 19-1 所示，利用直流电动机带动滑块在各位置之间运动。
2) 本实训系统起动后，滑块先滑至最左端再进入控制状态（若滑块开始就处于最左端，则 3s 后系统进入控制状态）。
3) 直流电动机开始正转，滑块沿导轨向右运行，当滑块经过光电开关时，光电开关给

PLC 发送一个位置信号，使其后面的位置指示灯点亮。

4）滑块的一个周期的运动规律为 S1→S4→S1→S3→S2→S4→S3→S4→S1。

5）当一个周期结束后若"起动"开关仍处于 ON 状态，则 3s 后滑块仍按原规律运动，并按此循环，周而复始。

6）断开"起动"开关，实训停止。

五、I/O 端口分配

I/O 端口分配见表 19-2。

表 19-2　I/O 端口分配

序　号	PLC 地址 （PLC 端子）	电气符号 （面板端子）	功　能　说　明
1	I0.0	SD	起动开关
2	I0.1	S1	光电传感器 1
3	I0.2	S2	光电传感器 2
4	I0.3	S3	光电传感器 3
5	I0.4	S4	光电传感器 4
6	Q0.0	MZ	电动机正转
7	Q0.1	MF	电动机反转
8	Q0.2	P1	位置 1
9	Q0.3	P2	位置 2
10	Q0.4	P3	位置 3
11	主机 1M、面板 V + 接电源 +24V		电源正端
12	主机 1L、2L、面板 COM 接电源 GND		电源地端

六、接线图

接线图如图 19-2 所示。

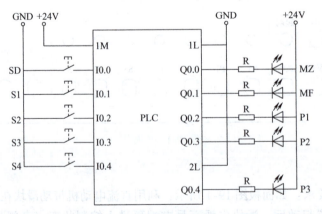

图 19-2　接线图

实训项目十九
直线运动位置检测、定位控制

七、操作步骤

1）检查实训设备中器材并调试程序。

2）按照 I/O 端口分配表或接线图完成 PLC 与实训模块之间的接线，认真检查，确保正确无误。

3）打开示例程序或用户自己编写的控制程序，进行编译，有错误时根据提示信息修改程序，直至无误，用 TCP/IP 网线连接计算机与 PLC 网线口，打开 PLC 主机电源开关，下载程序至 PLC 中，下载完毕后，将 PLC 的"RUN/STOP"转换至"RUN"状态。

4）打开"起动"开关，滑块先运行至最左端，再进入控制状态（若滑块在起动时就处于最左端，则 3s 后系统进入控制状态）。

5）进入控制状态后，直流电动机开始正转，带动滑块沿导轨向右运行，当滑块经过光电开关 S1 时，光电开关 S1 发送给 PLC 一个位置信号，PLC 输出一个信号使其后面的 P1 指示灯点亮。

6）滑块的一个周期的运动规律为 S1→S4→S1→S3→S2→S4→S3→S4→S1。

7）当一个周期结束后若"起动"开关仍处于 ON 状态，则 3s 后滑块仍按原规律运动，并按此循环，周而复始。

8）断开"起动"开关，实训停止。

实训项目二十　步进电动机控制

一、实训目的

1) 掌握循环右移指令的使用及编程方法。
2) 掌握步进电动机控制系统的接线、调试、操作方法。

二、实训设备

设备清单见表 20-1。

表 20-1　设备清单

序　号	名　称	型号与规格	数　量	备　注
1	实训装置	THPFSM-1/2	1	
2	实训挂箱	B10	1	
3	导线	3号	若干	
4	实训指导书	THPFSM-1/2	1	
5	计算机（带编程软件）		1	

三、面板图

步进电动机控制面板图如图 20-1 所示。

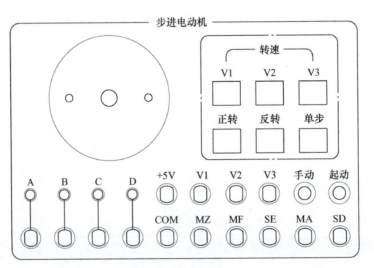

图 20-1　面板图

四、控制要求

1) 总体控制要求：如面板图 20-1 所示，利用可编程序控制器输出信号控制步进电动机运行。

2) 按下"SD"起动开关，系统准备运行。

3) 打开"MA"开关，系统进入手动控制模式，此时再按动"SE"单步按钮，步进电动机运行一步。

4) 关闭"MA"开关，系统进入自动控制模式，此时步进电动机开始自动运行。

5) 分别按动速度选择开关"V1""V2""V3"，步进电动机运行在不同的速度段上。

6) 步进电动机开始运行时为正转，按动"MF"开关，步进电动机反方向运行。再按动"MZ"开关，步进电动机正方向运行。

五、I/O 端口分配

I/O 端口分配见表 20-2。

表 20-2　I/O 端口分配

序 号	PLC 地址 （PLC 端子）	电气符号 （面板端子）	功 能 说 明
1	I0.0	SD	起动开关
2	I0.1	MA	手动开关
3	I0.2	V1	速度选择开关 1
4	I0.3	V2	速度选择开关 2
5	I0.4	V3	速度选择开关 3
6	I0.5	MZ	正转开关
7	I0.6	MF	反转开关
8	I0.7	SE	单步按钮
9	Q0.0	A	A 相
10	Q0.1	B	B 相
11	Q0.2	C	C 相
12	Q0.3	D	D 相
13	主机 1M、面板 V+接电源+24V		电源正端
14	主机 1L、面板 COM 接电源 GND		电源地端

六、接线图

接线图如图 20-2 所示。

七、操作步骤

1) 检查实训设备中器材并调试程序。

2) 按照 I/O 端口分配表或接线图完成 PLC 与实训模块之间的接线，认真检查，确保正确无误。

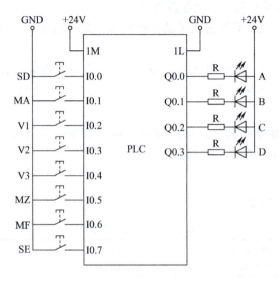

图 20-2　接线图

3）打开示例程序或用户自己编写的控制程序，进行编译，有错误时根据提示信息修改程序，直至无误，用 TCP/IP 网线连接计算机与 PLC，打开 PLC 主机电源开关，下载程序至 PLC 中，下载完毕后，将 PLC "RUN/STOP" 转换至 "RUN" 状态。

4）按下 "SD" 起动开关，系统准备运行。

5）打开 "MA" 开关，系统进入手动控制模式，按动一次 "SE" 单步按钮，步进电动机运行一步。连续按动多次后，步进电动机可运行一周。

6）关闭 "MA" 开关，系统进入自动控制模式，此时步进电动机开始自动运行。

7）按动速度选择开关 "V1"，步进电动机以低速运行。

8）按动速度选择开关 "V2"，步进电动机以中速运行。

9）按动速度选择开关 "V3"，步进电动机以高速运行。

10）步进电动机开始运行时均为正转，按动 "MF" 开关，步进电动机反方向运行。再按动 "MZ" 开关，步进电动机正方向运行。

实训项目二十一 直流电动机控制

一、实训目的

1）掌握高速计数器指令的使用及编程方法。
2）掌握直流电动机控制系统的接线、调试、操作方法。

二、实训设备

设备清单见表 21-1。

表 21-1 设备清单

序号	名称	型号与规格	数量	备注
1	实训装置	THPFSM-2	1	
2	实训挂箱	B11	1	
3	导线	3号	若干	
4	实训指导书	THPFSM-1/2	1	
5	计算机（带编程软件）		1	

三、面板图

直流电动机控制面板图如图 21-1 所示。

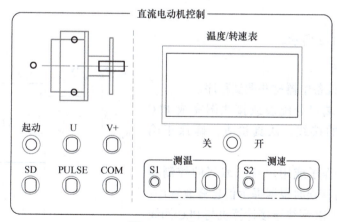

图 21-1 面板图

四、控制要求

1）总体控制要求：如面板图 21-1 所示，从 PULSE 端采集脉冲信号，经过程序运算后由 U 端输出模拟量信号以控制电动机的转速。

2）打开"SD"起动开关，U 端给直流电动机输出模拟量信号，电动机在转动时输出脉冲信号。

3）PLC 从 PULSE 端采集到脉冲反馈信号后，经程序运算，由 U 端输出模拟量信号控制电动机的转速。

五、功能指令的使用

高速计数器指令的使用如下：

LD	SM0.1	
MOVB	16#F8，SMB137	使能计数器
MOVD	+0，SMD138	装置初始值为 0
MOVD	VD0，SMD142	设定预置值为 VD0
HDEF	3，0	配置计数器为 3 号，模式为 0
ENI		
HSC	3	

六、I/O 端口分配

I/O 端口分配见表 21-2。

表 21-2 I/O 端口分配

序 号	PLC 地址 （PLC 端子）	电气符号 （面板端子）	功 能 说 明
1	I0.0	SD	起动开关
2	I0.1	PULSE	脉冲反馈信号
3	Q0.0	U	模拟量信号
4	主机 1M、面板 V+接电源+24V		电源正端
5	主机 1L、2L、3L、面板 COM 接电源 GND		电源地端

七、接线图

接线图如图 21-2 所示。

八、操作步骤

1）检查实训设备中器材并调试程序。

2）按照 I/O 端口分配表或接线图完成 PLC 与实训模块之间的接线，认真检查，确保正确无误。

3）打开示例程序或用户自己编写的控制程序，进行编译，有错误时根据提示信息修改程序，直至无误，用 TCP/IP 网线连接计算机与 PLC 网线口，打开 PLC 主机电源开关，下载程序至 PLC 中，下载完毕后，将 PLC 的"RUN/STOP"转换至"RUN"状态。

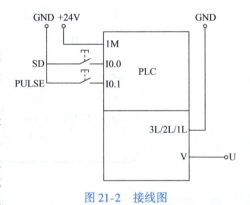

图 21-2 接线图

4）打开"SD"起动开关，U 端给直流电动机输出模拟量信号，电动机在转动时输出脉冲反馈信号。

5）PLC 从 PULSE 端采集到脉冲反馈信号后，经程序运算，由 U 端输出模拟量信号控制电动机的转速。